중학생 토론학교

과학과 기술

중학생 토론학교

과학과 기술

임병갑 한기호 지음

우리학교

●중학생 토론 학교에 오신 것을 환영합니다

토론은 세상에 던져진 커다란 질문에 나만의 답을 찾아가는 과정입니다.

나는 어떤 사람일까? 좋은 세상은 어떤 모습이어야 할까?

차근차근 두근두근 내 입장을 발견해 가는 과정입니다.

어디선가 들었던 말, 인터넷의 조각 지식들만으론 어렵습니다.

참고서의 정답과 해설을 외우는 것도 별 도움이 되지 않습니다.

이제 토론학교에서 내 힘으로 생각하는 법,

내 목소리로 말하는 법을 배워 봅시다.

스스로의 힘으로 결론을 내려 나만의 입장을 찾아봅시다.

내 입장을 찾다 보면 다른 사람의 생각에도 귀 기울이게 됩니다.

이기려고만 하는 토론, 갈등의 골이 더 깊어지는 토론이 아니라

상대방을 배려하고 존중하는 토론,

문제를 함께 해결해나가는 토론이 시작됩니다.

토론은 모두가 이기는 유쾌한 싸움입니다.

토론은 정답을 찾는 공부가 아니라 질문을 던지는 공부입니다.

틀려도 괜찮습니다.

여러분의 생각을 말해 보세요.

● 책머리에

어떤 사람들은 말합니다. 과학기술은 우리 현대인에게 물과 공기와 같은 존재라고. 물과 공기 없이는 그 어떤 생명체도 살 수 없듯이 오늘날 우리는 과학기술의 도움 없이는 살아갈 수 없다는 의미지요. 실제로 우리의 일상생활을 돌아보면 이 말을 실감할 수 있습니다. 우리는 태어나는 순간부터 죽는 날까지 과학기술과 함께합니다. 먹는 음식과 사는 곳은 물론, 학교나 학원에서 공부를 하고 친구들과 멀리 떨어져서 대화를 나눌 때, 어른이 되어 일하는 직장이나 다양한 방식으로 여가 시간을 보내는 장소들, 그리고 병에 걸려 치료할 때부터 우리의 마지막인 죽음에 이르는 그 순간까지……. 우리 삶의 어느 한 부분도 과학기술의 도움을 받지 않는 것이 없습니다.

과학기술을 물과 공기에 비유하는 이유는 또 있습니다. 너무 당연해서 느낄 수는 없지만, 우리가 마땅히 과학기술에 고마워해야 한다는 것입니다. 자, 만약 여러분을 구석기시대로 데려갈 수 있는 타임머신이 있다고 합시다. 그런데 이 타임머신이 여러분을 구석기시대로 데려갈 수는 있어도 다시 현재로 데려올 수 있을지는 확실치 않다고 합시다. 그렇다면 여러분은 이 타임머신을 탈 것인가요? 저라면 타지 않을 겁니다. 구석기시대에 인간은 그저 자연의 일부로서 오직 굶지 않고 맹수들을 피해 살아남는 데에만 급급해야 했습니다. 기껏해야 돌도끼나 만들어 사용했을까, 지금처럼 풍요롭고 안락한 삶은 불가능했지요. 그로부터 오랜 세월이 흐르는 동안 선조들이 과학기술과 문명을 발달시켜 온 덕분에 우리가 이런 삶을 당연한 듯이 누릴 수 있는 것입니다. 그런 점에서 우리 선조들과 그들이 선물해 준 과학기술에게 감사해야 마땅합니다.

그런가 하면 이렇게 말하는 사람들도 있습니다. 과학기술 때문에 현대인들이 과거에 비해 행복해지기는커녕 오히려 더 불행해졌다고, 인간이 인간답게 사는 데 과학기술이 어느 정도 도움을 주기는 했지만 방해가 되는 면이 더 크다고요.

그 사람들은 이렇게 경고합니다. 환경오염, 기후변화와 같이 과학기술이 발달하면서 생긴 문제들을 이대로 내버려 두면 인류에게 미래는 없다고요. 그러면서 지금부터라도 '과학기술에 대한 지나친 의존'에서 벗어나야 한다고 충고합니다. 실제로 과학자들의 입에서 인류가 멸망할 수 있다는 무시무시한 시나리오들이 나와 우리 귀에 들려오곤 하지요. 그럴 때면 과학기술이 인류에게 축복이기보다는 오히려 저주가 아닌지 의심스러워집니다.

그런데 여기서 우리는 '과학기술'을 한 덩어리로 묶지 말고, 좀 나눠서 생각해 볼 필요가 있습니다. '과학'과 '기술'을 습관적으로 하나로 묶어서 '과학기술'이라고 부를 것이 아니라, '과학' 따로 '기술' 따로 떼어 내서 생각해 봐야 한다는 것입니다. '과학'과 '기술'은 엄연히 다른 것이니까요. 어떻게 다를까요?

과학은 '법칙을 발견해 내려는 노력'입니다. 기술 역시 노력이긴 하지만 좀 다른 방향으로 하는 노력입니다. '과학이 찾아낸 법칙들을 이용해서 인간을 행복하게 하려는 노력'이지요. 우리 모두가 잘 알듯이, 만유인력의 법칙은 과학자 뉴턴이 발견해 냈습니다. 그런데 이 만유인력의 법칙을 이용해서 인공위성을 만들어 쏘아 올린 것은 기술자(엔지니어)들입니다. 전기와 전자의 법칙은 과학자가 발견해 내지만, 이 법칙을 이용해서 발전기, 전화기, TV, 컴퓨터, 스마트폰, 로봇을 만들어 내는 것은 기술자입니다.

'자연의 법칙'은 우리의 선택에 달린 문제가 아닙니다. 과학자들은 있는 그대로의 자연 법칙을 '발견하려고 노력'할 뿐, 자기 마음에 드는 자연 법칙을 '선택'하지 않습니다. 그러나 기술자들은 다릅니다. 기술을 어떻게 개발할지는 우리의 선택에 달려 있기 때문입니다. 어떤 기술을 개발해야 우리가 지금보다 더 행복해질까? 그렇게 개발한 기술을 어떻게 사용할 때 우리가 더 행복해질까? 이런 질문의 대답들은 전부 우리의 선택, 우리의 가치관에 따라 달라집니다. 과학자는 '자연법칙을 발견하고자 노력'하고, 기술자는 '자연법칙에 따라 우리 삶에 유익한 도구를 발명하고자 노력'하는 것입니다. 과학과 기술 사이에는 이렇게 결정적인 차이점이 있습니다.

이 책에서 여러분은 '과학'과 '기술'에 관해서 깊이 생각하게 됩니다. 인간과 동물의 관계, 인간과 로봇의 관계, 과학과 종교의 관계, 과학기술 문명과 우리의 미래 등등, 각 장에 실린 물음 하나하나가 우리들이 피하지 말고 꼭 씨름해 봐야 할 이슈들입니다. 이 문제들에 관해서 여러분이 어떤 답을 내리는지에 따라서 나의 미래, 나아가 인류의 미래가 좌우될 겁니다. 이처럼 중대한 문제들에 관해 생각할 때 책 한두 권만 읽고 누군가의 일방적인 주장에 휩쓸리는 것은 매우 위험합니다. 반드시 다양한 관점과 입장에서 문제를 바라봐야 하지요. 이 책이 안내하는 대로, 토론마당에서 한쪽 주장과 또 반대쪽의 혹독한 반박에 부딪혀 가면서 각자의 대답을 찾아 가는 것이 가장 최선의, 가장 안전한 길일 것입니다.

2013년 봄
임병갑, 한기호

차례

01

식용 동물과 애완동물은 정해져 있을까?

● ● ● 우리 인간은 여러 동물들의 도움을 받으며 살아갑니다. 동물들의 고기를 먹기도 하고, 동물의 가죽으로 만든 옷이나 가방으로 몸을 치장하기도 하고, 동물을 한 가족처럼 기르며 울고 웃기도 하고, 동물들의 진기한 모습을 구경하며 재미있어하기도 하지요. 그런데 우리는 돼지고기는 먹으면서 침팬지 고기를 먹는 건 말도 안 된다 생각하고, 생쥐를 갖고 동물실험을 하는 것은 당연하다고 생각하면서 강아지로 하는 건 잔인하다고 몸서리칩니다. 이런 건 혹시 부당한 차별이 아닐까요? 우리 마음대로 동물들을 줄 세워도 되는 걸까요?

●

그래,

동물에 따라 다르게 대해야 해

●

아니야,

인간 마음대로 차별해서는 안 돼

우리는 각종 의약품, 식품, 화장품을 개발할 때 인간에게 위험하지 않은지 알아보기 위해 동물실험을 합니다. 만약 실험용 생쥐 모르모트가 없다면 인간에게 직접 위험한 물질을 실험해야 할 테니 고마운 일이죠. 그런데 생쥐 대신 귀여운 강아지로 동물실험을 해도 될까요? 다음 이야기를 읽고 생각해 봅시다.

이야기 1

어떤 식품 회사의 동물실험실. 새로 개발한 첨가물이 인체에 해를 끼칠지도 모르기 때문에 이 첨가물에 대한 실험이 한창이다. 이 실험을 책임진 팀장이 말한다.

"자, 쥐를 이용한 실험은 끝났습니다. 그 결과 어떤 유해성도 발견되지 않았습니다. 그렇지만 이 첨가물이 어린이들이 먹는 과자에 주로 사용될 것이므로 더 정확한 실험 결과가 필요합니다. 그래서 이번에는 인간과 더 가까운 동물을 대상으로 실험하려 합니다. 어린이와 같은 환경에서 함께 많은 시간을 보내는 강아지와, 인간과 가장 비슷한 동물인 침팬지입니다. 강아지나 침팬지가 실험에 대한 공포로 갑작스런 병에 걸릴 수 있다는 사실은 모두 잘 알고 있지요? 또한 두 동물 모두 가두어 놓으면 우울증에도 걸리기 쉬우니 조심해야 합니다. 그럴 경우 정확한 실험 결과를 얻을 수 없으므로 다른 동물과 달리 연구원 여러분의 각별한 주의를 부탁드립니다."

이야기 2

점심시간이었다. 누리는 젓가락을 가지고 깔짝거리기만 할 뿐, 음식이 영 입맛에 안 당기는 표정이었다. 곁에서 허겁지겁 먹던 미나가 이 모습을 보고 말했다.

"누리야, 너 뭐해? 어서 안 먹고. 이 제육볶음 죽여. 어서 먹어!"

"나 며칠 전에 본 다큐멘터리에서 돼지가 너무나 비참하게 살다가 죽어 가는 모습을 봤거든. 그 모습이 눈에 어른거려서 못 먹겠어."

"응, 그랬구나. 이해해. 근데 그럼 너, 그 제육볶음 내가 대신 먹어도
될까?"
"뭐? 미나 너, 지금 내 말을 장난으로 아는 거야?"
"장난은 아니지만 쓸데없는 생각이라는 거지. 사람은 고기를 먹어
야 살거든. 아, 참! 근데 누리 너 뭐야! 어제 보니까 치킨은 잘도 먹
던데?"
"야! 닭과 돼지는 달라. 달라도 아주 많이 달라. 닭은 조류고 돼지는
포유류라서 돼지가 지능도 높고 통증도 더 많이 느낀다고 하더라.
돼지는 애완동물로도 키우잖아."
"말도 안 돼. 어차피 똑같이 생명을 잡아먹는 건데 다르긴 뭐가 달
라? 그냥 맘 편하게 먹으면 되지. 아님 아예 채식주의자가 되든지."

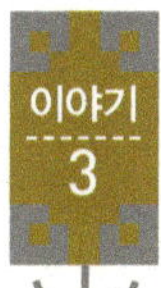
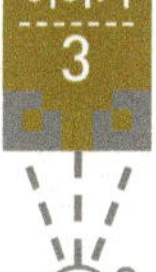

사진작가 김 씨는 아프리카의 어느 시골 장터를 둘러보고 있었다.
그때 충격적인 장면이 눈에 들어왔다. 양과 염소 고기를 올려놓고
파는 좌판에 불에 시커멓게 그을린 침팬지의 동강난 사체들이 쌓여
있었던 것이다. 한쪽에는 고통스러운 표정이 그대로 남아 있는 침
팬지의 머리도 놓여 있었다. 할 말을 잃고 서 있는 김 작가에게 상
인은 서툰 영어로 침팬지 고기가 비싸기는 해도 몸에 좋고 맛도 그
만이라며 싸게 줄 테니 사 가라고 말했다. 김 작가는 상인의 말에
아무 대꾸도 않고 카메라를 꺼내서 셔터를 눌렀다. 이 잔인한 광경
을 세상에 알려야 한다는 책임감이 들었던 것이다.
그날 밤, 김 작가는 동료 사진작가인 리처드한테 사진을 보여 주며
끔찍했던 목격담을 들려주었다. 그런데 리처드는 사진들을 보고 나
서 이해할 수 없다는 표정으로 말했다.
"여기 사람들한테 침팬지 고기는 우리들이 먹는 소고기나 닭고기와
아무 차이가 없어. 침팬지를 먹는 건 이들의 문화야. 그게 뭐가 문
제라는 거지?"

그래!
동물에 따라 다르게 대해야 해

동물은 저마다 다르게 고통을 느낀다

인간과 동물은 떼려야 뗄 수 없는 존재입니다. 동물의 고기를 먹는 것은 물론, 옛날에는 동물을 타고 먼 거리를 이동하거나 동물의 힘을 빌려 농사를 짓기도 했으니까요. 요즘엔 애완동물을 우리 곁에 두고 기쁨과 위로를 얻기까지 합니다.

그런데 가만히 살펴보면 우리는 동물에 대해 이중적인 마음을 갖고 있습니다. 낮에는 강아지를 학대하는 사람을 욕하고, 먼 바다에서 잡혀와 쇼를 하는 돌고래를 다시 바다로 돌려보내라고 아우성을 칩니다. 그러면서 저녁에는 삼겹살과 치킨을 맛있게 먹지요. 하얗고 앙증맞은 토끼나 귀여운 침팬지가 동물실험에 이용되는 사진을 보면 분노하지만 실험용 생쥐를 이용하는 건 아무렇지도 않게 생각합니다.

우리는 스스로가 이렇게 이중적인 태도를 갖고 있다는 사실을 잘 압니다. 그래서 동물 학대나 채식 이야기가 나올 때마다 확실한 기준도 없이 우왕좌왕하며 다른 사람들 말에 휩쓸리지요. 하지만 여러분은 "생명이 있는 것은 모두 다 소중하니 모든 동물은 다 평등해! 뱀도 닭도 강아지도 모두 소중한 하나의 생명이야!"라고 외치며 풀만 먹고 살 수 있나요? 그럴 수 없지요? 이제 더 이상 남의 말에 휩쓸리지 말고 나만의 생각을 정해야 합니다. 그러기 위해 다음과 같은 질문을 던져 보겠습니다.

우리는 다른 동물들을 전부 평등하게 대해야 할까, 아니면 종에 따라서 다르게 대해야 할까?

치킨도 맛있게 먹고 강아지도 열심히 사랑하는 사람의 대답은 당연히 "동물을 종에 따라 다르게 대해야 합니다!"입니다. 그래도 마음 한구석이 찜찜한 사람들을 위해 다음 이야기를 들려줄게요.

자, 지금부터 인간과 가장 비슷한 동물인 침팬지의 고기를 먹는 일을 생각해 봅시다. 침팬지 고기는 맛도 뛰어나고 영양가도 높다고 해 봅시다. 실제로 침팬지의 친척뻘인 로랜드고릴라는 고기를 노리는 밀렵꾼들에게 시달린다고 하지요. 그리고 만약 침팬지도 소나 돼지처럼 가축으로 기르는 데 큰돈이 들지 않는다고 가정해 봅시다. 그렇다면 침팬지를 닭처럼 대량으로 우리에 가두어 기르고는 도축해서 그 고기를 먹어도 될까요? 프라이드치킨처럼 프라이드침팬지를 메뉴에 올려놓고 말이에요.

이 질문에 대답하기 전에 침팬지 한 마리를 머릿속에 떠올려 보세요. 침팬지는 인간과 가장 가까운 영장류에 속하는 동물입

서로 다정하게 이를 잡아 주는 침팬지. 무리 지어 서로 도우며 생활하는 침팬지들을 보면 가족을 이뤄 살아 가는 우리 인간의 모습이 떠오른다.

니다. 침팬지는 평생 동안 부모 침팬지, 자식 침팬지, 사촌 침팬지들과 친밀한 가족 관계를 맺고 서로 돌보며 살아갑니다. 또 다른 침팬지가 겁을 먹으면 다가가 털을 쓰다듬고 안아 주는 등 감정 표현도 할 수 있지요. 머리도 좋아서 도구도 쓸 줄 압니다. 풀줄기의 잎을 적당히 떼어 낸 다음 흰개미 굴에 집어넣어 흰개미를 잡아먹거나 나뭇잎을 휴지처럼 사용해 상처를 닦아 내는 걸 보면 말이죠. 침팬지를 가만히 바라보고 있으면 인간의 모습이 저절로 떠오릅니다. 인간은 이런 침팬지를 아무런 망설임도 없이 불에 익혀 고기로 먹을 수 있을까요?

그럴 수는 없습니다. 돼지나 닭은 고기로 먹을 수 있지만 침팬지는 그럴 수 없습니다. 우리는 침팬지와 닭을 서로 다르게 대해야 합니다.

16

우리가 침팬지를 돼지나 닭과 다르게 대해야 하는 가장 큰 이유는 침팬지가 지능이 높기 때문입니다. 그리고 지능이 높을수록 고통을 더 많이 느낍니다. 고통을 적게 느끼는 동물보다 고통을 크게 느끼는 동물을 더 많이 배려해야 하는 건 당연하지 않겠어요?

여기 물고기와 멧돼지가 있습니다. 물고기는 미끼에 속아서 낚시 바늘을 덥석 뭅니다. 날카롭게 구부러진 낚시 바늘에 입이 꿰여 죽을 뻔했지만 다행히 운 좋게 낚싯줄이 끊어져 살아났습니다. 그런데 이 물고기는 한심하게도 조금 있다가 똑같은 미끼를 다시 덥석 물지요. 바늘에 찔렸던 그 끔찍한 경험을 오래 기억하지 못합니다.

멧돼지가 덫에 걸립니다. 멧돼지는 날카로운 덫에 뒷다리가 걸려 피를 흘리며 버둥거리다 간신히 빠져나옵니다. 그다음부터 멧돼지는 덫을 발견하면 근처에도 가지 않습니다. 덫에 걸렸던 끔찍한 경험을 고스란히 기억하고 있기 때문에, 사냥꾼이 놓은 덫에 한 번 걸릴 수는 있어도 두 번 다시는 똑같은 덫에 걸리지 않도록 조심합니다.

물고기와 멧돼지가 다르게 행동하는 것은 지능이 다르기 때문입니다. 지능이 높으면 높을수록 그에 비례해서 당연히 기억력, 상상력, 예측 능력이 더 높지요. 그래서 더 많은 고통을 느끼게 됩니다. 만약 과거에 극심한 통증을 느낀 경험이 있다면, 지능이 높은 동물일수록 그만큼 아팠던 기억을 더 오래 갖고 있습니다. 그리고 그때와 비슷한 상황에 놓이거나 비슷한 장면을 보게 되면 극심한 공포감에 시달립니다. 또다시 끔찍한 고통을 당할 거라고 미리 예측하고 상상할 수 있으니까요. 반대로 지능이 낮은 동물들은 고통을 당하더라도 기억력과 상상력, 예측 능력이 없거나 매우 떨어지기 때문에 예전의 고통을 떠올리지 못합니다. 비슷한 상황에 놓이더라도 미리 공포감에 떨 일이 없지요.

이 말은 지능이 낮으면 고통을 느끼지 못한다는 이야기가 결코 아닙니다. 모든 동물은 단순하든 복잡하든 신경계를 갖고 있기 때문에 고통을 느낍니다. 곤충의 더듬이나 파충류의 피부처럼 모든 동물에게는 자극을 받아들이는 감각기관이 있으니까요. 또 팔다리나 꼬리처럼 자극에 반응해서 움직일 수 있는 운동기관도 모두 갖고 있지요. 이 감각기관과 운동기관을 연결해 주는 것이 바로 신경계입니다. 그래서 신경계를 가진 동물은 어떤 식으로든 고통을 느끼고 반응할 수 있지요.

우리가 주목해야 하는 것은 고통을 느끼느냐 느끼지 않느냐가 아니라, 얼마나 고통을 느끼느냐입니다. 똑같은 수준의 고통을 겪더라도 물고기처럼 금방 잊어버리는 동물보다 멧돼지처럼 고통을 오래 기억하고 다가올 고통을 미리 예측하는 동물이 고통을 훨씬 크게 느끼는 것은 당연합니다.

우리가 동물을 종에 따라 다르게 대해야 하는 까닭은 이처럼 동물마다 고통을 느끼는 정도가 다르기 때문입니다. 통증도 끔찍하지만 통증에 따른 후유증도 굉장히 고통스러운 일이지요. 외상 후 스트레스 장애라는 말을 들어 본 적 있나요? 어떤 끔찍한 일을 경험한 사람이 그 사건이 끝난 후에도 계속 정신적으로 고통받는 병입니다. 예를 들어 유괴를 당했다가 살아난 어린이는 그 끔찍했던 경험이 어른이 된 뒤에도 자꾸 되살아나 괴로워한다고 합니다. 입과 코에 물을 들이붓는 물고문을 당했던 사람은 평생 물을 마시거나 세수를 할 때마다 몸이 움츠러들고 공포감을 느끼는 후유증에 시달리기도 하지요. 그렇기 때문에 고통이 가해지는 때의 아픔만을 생각해서는 안 됩니다. 반드시 이후에 지속되는 후유증까지 포함해서 고통을 바라보아야 합니다. 여러분이 누군가에게 고통을 줘서 바로 사과하고 용서받았다 해도 그 사람은 여전히 아파하고 있을 수 있다는 사실을 잊어서는 안 됩니다.

다시 물고기와 멧돼지의 이야기로 돌아가 볼까요? 물고기는 외상 후

©ENPA

이탈리아의 동물 보호단체인 ENPA의 동물실험 반대 포스터. 비글 종 강아지가 화장품 실험에 이용되는 것을 반대하는 메시지를 담고 있다. 비글은 사람을 잘 따르고 인내심이 강하며 체력도 좋아 동물실험의 대상으로 선호받는다.

스트레스 장애에 걸릴 가능성이 거의 없습니다. 그래서 똑같은 미끼를 몇 번이고 또 물지요. 반대로 다시는 덫에 걸리지 않도록 조심하는 멧돼지는 인간만큼은 아니라도 외상 후 스트레스 장애에 시달릴 가능성이 큽니다.

결국 지능의 차이는 고통의 차이를 낳습니다. 그러므로 침팬지 고기가 닭고기보다 맛도 좋고 기르는 데 드는 비용이 비슷하다고 하더라도 침팬지를 닭처럼 대량으로 길러 고기로 이용해서는 안 됩니다. 침팬지는 인간보다는 고통을 덜 느끼겠지만 닭보다는 엄청나게 심한 고통을 느끼기 때문입니다.

우리 인간은 다른 동물들에게 고통을 주지 않고서는 살아갈 수 없습니다. 인간의 안전을 위해 동물실험도 해야 하고 무엇보다 고기를 먹고 살아야 하니까요. 아예 채식주의자가 되거나 동물실험 대신 인간이 직접 위험한 물질을 테스트하지 않고서는 동물에게 고통을 주는 일을 피할 수 없습니다. 따라서 우리가 할 수 있는 최선의 방법은 어쩔 수 없는 경우라면 가능한 한 고통을 조금 주도록 노력하는 것입니다. 지능이 높은 동물일수록 고통을 더 많이 느낀다면 그런 동물들에게는 좀 더 적은 고통을 주도록 노력하고, 되도록 지능이 높은 동물보다 지능이 낮은 동물의 고기를 먹으면 됩니다.

"다 똑같은 동물인데 차별하지 말고 동등하게 대하자."라는 것은 분별력 없는 생각입니다. 이런 생각은 "다 똑같은 동물이라 어느 누구에게만 고통을 줄 수 없으므로 육식을 전혀 하지 말고 인류 전체가 당장 채식을 해야 한다."라거나 반대로 "다 똑같은 동물이니 강아지건 침팬지건 고기로 이용하지 못할 이유는 전혀 없다. 값이 싸고 맛만 좋다면 전부 먹어 버리자."라는 극단적인 결론만 이끌어 낼 뿐입니다.

인간과 가까운 동물, 인간과 먼 동물

우리가 동물을 종에 따라 다르게 차별해서 대해야 하는 이유는 또 있습니다. 우리 인간은 사회적 동물이기 때문에 반드시 어떤 공동체에 소속되어 살아갑니다. 작지만 가장 기본이 되는 가족 공동체, 친척들과 이루는 혈연 공동체를 비롯해 학교 공동체, 마을 공동체, 국가 공동체, 그리고 더 나아가 인류 공동체에 이르기까지 평생 동안 수많은 공동체에 소속되지요. 그리고 우리는 자신이 소속된 공동체의 구성원들을 사랑하고 소중히 여겨야 합니다. 가족을 사랑하는 것은 물론이고 내가 다니는 학교와 사는 동네도 사랑하고, 나아가 애국심도 지녀야 하지요. 그리고 공동체의 구성원으로서 지켜야 할 의무를 다해야 합니다. 그래야만 공동체의 다른 구성원들도 나를 존중해 주고, 모두가 행복하고 조화롭게 살아갈 수 있으니까요.

그런데 때로는 '내가 소속된 공동체'와 '내가 소속되지 않은 공동체' 중에 우선순위를 정해서 행동해야 할 때가 있습니다. 예를 들어 친척들과 함께 바닷가에 놀러갔는데 내 눈 앞에서 두 아이가 물에 빠졌다고 해 봅시다. 둘 다 수영을 할 줄 몰라 익사할지도 모를 위기 상황입니다. 살려 달라고 외치는 두 아이는 지금 나로부터 똑같은 거리에 떨어져 있습니다. 그런데 한 아이는 내 사촌 동생이고 다른 아이는 내가 모르는 아이입니다. 이럴 때 여러분은 누구를 구조하러 달려갈까요? 우리는 본능적으로 자신의 사촌 동생 쪽으로 달려갑니다.

간신히 사촌 동생을 구조했지만 그러는 동안 다른 아이가 불행하게도 익사하고 말았다고 가정해 봅시다. 자, 만약에 이런 일이 일어났을 때 나의 행동을 비난할 사람이 있을까요? "너는 어째서 네 사촌 동생부터 구했느냐?" 하고 나를 몰아세울 사람이 있을까요? 아마 없을 것입니다. 왜냐면 누구라도 자신과 가까운 친척을 먼저 구조하는 게 당연하다고 생각하기 때문이지요.

비슷한 예를 하나 더 들어 볼까요? 여러분이 외국 여행을 갔다가 우연히 유람선이 침몰하는 광경을 목격했다고 해 봅시다. 모두가 자기 나라 말로 도와달라고 소리를 지르는 가운데 "살려 주세요!"라는 소리가 들립니다. 한국인의 외침이지요. 내 손에는 구명 튜브가 하나 있습니다. 이때 나는 이 구명 튜브를 다른 사람이 아닌 바로 이 한국인에게 던져 줄 것입니다. 나의 도움으로 한국인이 구조되었을 때 다른 나라 사람들이 "당신은 어째서 한국인을 먼저 구했느냐?"라고 비난할 수 있을까요? 아마 없을 거예요. 왜냐면 그들이 내 입장이라도 자기 나라 사람을 먼저

구했을 테니까요.

우리는 가능하다면 모든 인간을 사랑해야 합니다. 그러나 앞에서 예로 든 것처럼 그럴 수 없는 상황이라면 자신과 가장 가까운 사람, 즉 자신이 소속된 공동체의 구성원부터 먼저 챙기게 되지요. 그렇게 하더라도 우리가 도덕적으로 잘못한 것이라고 비난하는 사람은 없습니다. 오히려 반대로 행동할 경우 더 큰 문제가 됩니다. 내가 소속된 공동체 구성원들에게 크나큰 비난을 받게 되니까요.

우리는 여기서 다음과 같은 규칙을 발견할 수 있습니다.

우리는 모든 사람을 사랑해야 한다. 따라서 누구든 나의 도움을 필요로 하고 또 내가 도울 수 있는 형편이라면 마땅히 도와주어야 한다.

그러나 만약 '내가 소속된 공동체'의 구성원과 '내가 소속되지 않은 공동체'의 구성원을 동시에 도울 수 없다면 나는 내가 속한 공동체의 구성원을 먼저 도와야 한다. 그리고 만약 내가 소속된 '가깝고 작은 공동체'의 구성원과 '멀고 큰 공동체'의 구성원을 동시에 도울 수 없다면 나는 나와 더 가깝고 더 작은 공동체의 구성원을 먼저 도와야 한다.

우리는 이 규칙을 인간을 넘어 훨씬 더 큰 공동체, 그러니까 인간이 포함된 지구의 동물 공동체로 확대할 수 있습니다. 인간은 침팬지, 오랑우탄을 포함한 '영장류 공동체'에 속합됩니다. 그리고 개와 소와 돼지를 포함하는 '포유류 공동체'에 포함되지요. 여기서 범위를 더 넓히면 조류, 양서류, 파충류를 포함하는 '척추동물 공동체'에 포함되고요.

진화■의 역사를 돌아볼 때 인간과 침팬지가 사촌 관계라면 인간과 돼지는 육촌 관계, 인간과 닭은 십촌 관계, 그리고 인간과 물고기는 수십 촌의 아주 까마득하게 먼 관계가 됩니다. 따라서 만약 침팬지, 돼지, 닭, 물고기가 동시에 고통을 호소하면서 나한테 도움을 요청한다면 나는 먼저 침팬지를 도운 다음 돼지, 그다음 닭, 마지막으로 물고기의 순서로 도와줘야 합니다. 우리는 진화의 역사에 따라, 우리와 가까운 동물과 먼 동물을 똑같이 취급해서는 안 됩니다. 인간 공동체와 가까우면 가까울수록 더 배려하고 존중해야 하지요.

우리는 어쩔 수 없이 동물들에게 고통을 주며 살아갑니다. 동물을 희생시키는 일을 피할 수 없다면 우리에게 가까운 순서대로, 즉 침팬지, 돼지, 닭, 물고기의 순서로 보호해야 합니다. 우리와 가까운 순서대로 동물을 다르게 대우하는 거지요.

동물들을 다르게 대접할 때 인간의 존엄성도 지킬 수 있다

만약 우리가 동물들을 종에 따라 차별 대우하지 않고 모든 동물들을 평등하게 대하게 되면 우리는 지구상에서 왜 유독 인간만이 존엄한 존재인지 설명하기 어려워집니다. 무슨 말인지 차근차근 생각해 볼까요? 우리는 인간을 만물의 영장으로 여깁니다. 그래서 인간의 생명을 다른 동물들의 생명과 비교할 수 없을 만큼 귀하게 여기지요. 그런데 그 이유는 도대체 무엇일까요? 인간은 왜 다른 동물들과 견줄 수 없을 만큼 존엄한 존재로 여겨질까요?

그 이유는 간단합니다. 바로 인간이 '생각하는 동물'이기 때문입니다. 인간은 사자처럼 힘이 세지도 않고, 치타처럼 빠르지도 않고, 개처럼 냄새를 잘 맡는 것도 아닙니다. 무엇 하나 다른 동물들보다 뛰어난 게 없지요. 있다면 단 한 가지, 이성적으로 생각하고 합리적으로 판단할 수 있는 능력뿐입니다. 이 능력을 빼고 나면 인간은 다른 동물들에 비해 오히려 모자라기 짝이 없는 존재입니다. 인간이 존엄한 존재인 까닭은 프랑스의 철학자 파스칼이 말한 대로 '인간은 생각하는 갈대'이기 때문입니다. 파스칼의 책 『팡세』에서 직접 들어 볼까요?

인간은 자연에서 가장 연약한 한 줄기 갈대일 뿐이다. 그러나 그는 생각하는 갈대이다. 그를 파괴하기 위해 전 우주가 무장할 필요가 없다. 한 번 뿜은 증기, 한 방울의 독이면 그를 죽이기에 충분하다. 그러나 우주가 그를 파괴한다 해도 인간은 고귀하다. 왜냐면 인간은 자기가 죽는다는 것을, 그리고 우주가 자기보다 우월하다는 것을 알기 때문이다. 우주는 아무것도 모른다. 그러므로 우리의 모든 존엄성은 우리들의 생각으로 이루어져 있다. 우리가 스스로를 높이는 곳은 바로 여기서부터이지 우리가 채울 수 없는 공간과 시간에서가 아니다.

그래요. 파스칼의 말처럼 인간은 생각하는 능력이 있기 때문에 스스로를 만물의 영장이라 높일 수 있는 것입니다. 물론 이렇게 생각할 수도 있습니다.

우리 인간이 서로를 존엄하게 대해야 하는 근거는 간단해. 모두가 같은 종에 속하는 똑같은 인간이니까. 만약 우리 인간들이 서로를 존엄하게 여기지 않으면 서로 해를 입히고 죽고 죽이는 아주 살벌한 세상에서 살아야 하는데, 그것은 너무 끔찍하잖아? 그러니 어쩔 수 없이 서로를 존중하는 거지.

물론 이런 이유도 인간이 인간을 존엄하게 대해야 하는 이유들 중에 하나가 될 수 있지요. 하지만 이런 이

로댕, 〈생각하는 사람〉, 1880~1888

유는 당장 다음과 같은 질문에 부딪힙니다. 내가 해칠 수 있지만 나를 해칠 능력이 전혀 없는 어떤 사람이 있다고 해 봅시다. 아주 어린 아기나 심한 장애를 가진 사람들이겠지요. 이런 사람들은 나를 해치지 못하니까 존중하지 않아도 될까요? 함부로 대하고 마음대로 해를 입혀도 될까요? 이 질문에 "된다."라고 대답할 사람은 아무도 없을 것입니다. 인간이 단지 해를 입지 않으려고 서로를 존중하는 것이 아닙니다. 내가 존엄한 존재이고 다른 사람 역시 존엄한 존재이기 때문에 서로를 존중하는 것입니다.

그렇다면 이제 동물들에 관한 이야기로 되돌아가 봅시다. 우리가 인간의 존엄성을 '생각하는 능력'에서 찾는다면, 우리 인간처럼 생각하는 능력을 조금이라도 지닌 존재는 비록 다른 종의 동물이라도 그 생각하는 능력만큼 존중해야 합니다. 그래야 공평하지요. 그런데 앞에서 살펴본 것처럼 동물들은 종에 따라서 생각하는 능력이 크게 차이납니다. 침팬지는 돼지보다, 돼지는 닭보다, 닭은 물고기보다 생각하는 능력이 더 뛰어나지요. 따라서 우리가 '생각하는 능력'이라는 기준을 인간이 아닌 모든 동물에게도 동등하게 적용한다면 침팬지는 좀 더 많이 배려하고 물고기는 보다 덜 배려해야 합니다. 그러지 않고 모든 동물을 그냥 똑같이 대하게 되면 인간이 존엄한 존재로 대우받아야 할 이유마저 사라지고 맙니다.

다름을 인정하고 차이를 존중하기

사실 우리는 동물들을 종에 따라 다르게 대해야 한다는 것을 본능적으로 알고 있습니다. 물고기의 머리를 칼로 내리칠 때에는 별 생각이 안 들지만 닭의 머리나 돼지의 머리를 내리칠 때는 큰 부담을 느끼는 것만 봐도 알 수 있지요. 인간과 비슷하면 비슷할수록, 인간과 가까우면 가까울수록 머리를 내리치는 상상만으로도 마음이 섬뜩해지고 괴로운 느낌이 듭니다. 왜 그럴까요? 그 동물들이 우리와 가깝고 비슷한 동물들이라는 사실을, 그 동물들에게도 생각하는 능력이 있다는 사실을 직감적으로 알기 때문입니다.

따라서 아무리 침팬지 고기가 치킨에 비해 맛도 좋고 쉽게 얻을 수 있다 해도 침팬지 고기를 먹어서는 안 됩니다. 생각하는 능력을 지닌 동물이라면 그만큼 더 존중받아야 합니다. 고통을 더 느낀다면 그만큼 고통을 덜 느끼도록 배려해야 합니다. 우리는 물고기를 죽일 때보다 닭을 도살할 때, 닭을 도살할 때보다 돼지를 도살할 때 고통을 덜 받도록 노력해야 합니다. 차이에 따라 다르게 대한다면 차별이 꼭 나쁜 일만은 아닙니다. 오히려 다름에 대한 존중이 될 수 있습니다. 우리는 만물의 영장으로서 동물을 종에 따라 다르게 차별 대우해야 합니다.

아니야!
인간 마음대로 차별해서는 안 돼

동물들에게 순서를 매긴다고?

모든 동물은 평등합니다. 개미도, 물고기도, 돼지도, 침팬지도 모두 똑같이 하나의 생명을 갖고 지구에서 함께 살아가는 소중한 존재입니다. 그런데 어떤 사람들은 동물들을 종에 따라 다르게 대해야 한다고 주장합니다. 지능이 높은 동물들, 인간과 가까운 동물들을 우선적으로 배려해야 한다고 말하면서요.

물론 동물들의 지능을 측정해서 어떤 동물이 지능이 높고 어떤 동물이 지능이 낮은지 분류해 볼 수는 있습니다. 그런데 여기서 말하는 '지능'이란 인간의 지능을 기준으로 한 것입니다. 인간의 기준으로 인간과는 다른 생명체인 동물들을 평가해 제멋대로 순서를 매기는 일이 과연 정당할까요? 우리가 흔히 IQ라고 말하는 인간의 지능 지수가 인간의 지능조차도 제대로 측정하는지 알 수 없다고 주장하는 학자들도 많습니다. 그런데 하물며 인간이 아닌 다른 동물의 지능 지수를 어떻게 정확히 측정할 수 있을까요?

　사람에게는 다양한 재능과 기술이 있기 때문에 몇 가지 능력만을 테스트해 본 다음 누구의 지능은 얼마고 누구의 지능은 얼마라고 함부로 말하고 순위를 매겨서는 안 됩니다. 여러분도 '다중 지능'■이라는 말을 들어 보았지요? 언어 지능, 논리·수학 지능, 공간 지능, 음악 지능, 신체 운동 지능, 인간 친화 지능 등 인간의 지능에는 여러 종류가 있고, 이 다양한 지능들을 바탕으로 저마다 가진 재능을 발휘하면 모두가 자기 영역에서 뛰어난 사람이 될 수 있다는 이론입니다. 인간의 지능도 이렇게 다양하고 복잡한데 어떻게 다른 동물들을 놓고 인간의 지능에 따라 순서를 매길 수 있겠어요?

　미국의 교육학자 하워드 가드너는 지능이란 계산 능력이나 암기 능력이 아니라 "중요한 문제를 해결하거나 무언가를 만들어 내는 능력"이라고 말했습니다. 개미가 집을 짓고 먹이를 구하는 과정을 떠올려 보세요. 철새들이 지구의 반 바퀴를 날아 목적지에 도달하는 일, 연어가 태평양 바닷속을 자유롭게 돌아다니다가 자기가 태어난 산골의 작은 냇가로 되돌아오는 일, 서로 신호를 교환해 꿀을 모으는 벌들의 춤, 음파를 이용해 어두운 동굴 속에서 비행하는 박쥐의 능력……. 동물들의 놀라운 생존 능력을 보면 저절로 존경의 마음이 듭니다. 인간의 지능이 자연에서 살아남기 위해 길러진 능력인 것처럼, 다른 동물들도 저마다 살아남기 위해 이처럼 놀라운 능력을 길러 온 것입니다.

　그런데도 침팬지의 지능은 얼마고, 돼지의 지능은 얼마고, 개의 지

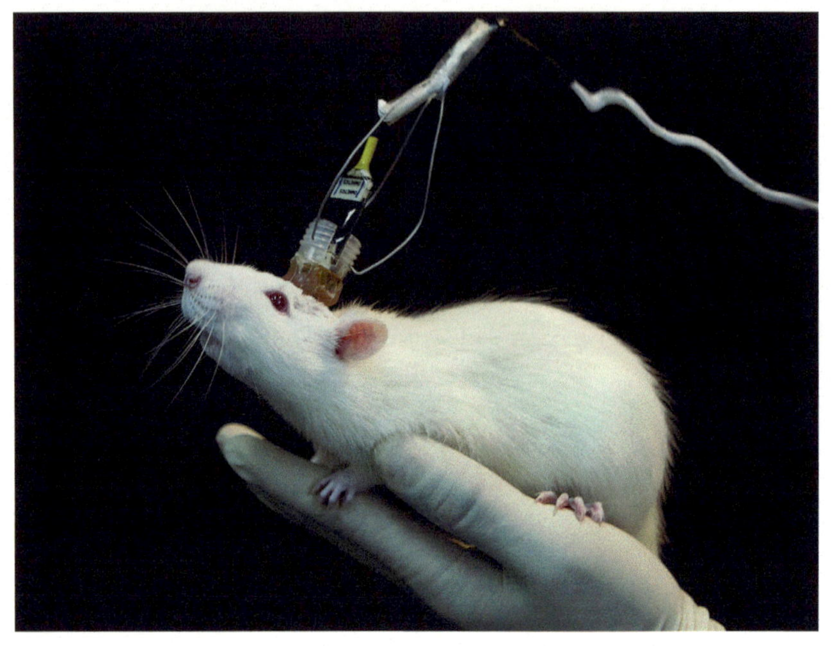

능은 얼마고, 까마귀의 지능은 얼마고, 거북이와 개미의 지능은 얼마고……, 이런 식으로 동물마다 순서를 매기는 일이 가능할까요? 과연 어떤 방법으로 동물들의 지능을 재고 순서를 매길 수 있을까요? 한데 모아 놓고 지능 검사 시험지를 나눠 주면 될까요? 말도 안 되는 이야기입니다. 동물의 지능에 높고 낮음이 있다고 말하는 것은 인간 입장에서 하는 이야기일 뿐입니다. 인간의 지적 능력만을 최고라고 생각하고, 이를 기준으로 다른 동물의 능력을 판단해 우열을 가리겠다는 인간 중심주의일 뿐이지요. 다른 종의 동물들이 가진 수천, 수만 가지 능력을 무시하고 인간이 잴 수 있는 몇 가지 능력만으로 동물들을 줄 세우겠다는 것은 인간의 기준으로 동물에게 횡포를 부리는 것입니다.

　고통을 얼마나 느끼느냐에 따라 동물을 다르게 대우해야 한다는 이야기 역시 마찬가지입니다. 지능이 높을수록 고통을 더 느낀다는 주장에는 과학적 근거가 부족합니다. IQ가 160인 사람과 80인 사람이 있다고 해 봅시다. 둘의 지능에는 굉장히 큰 차이가 있지요. 자, 그럼 이제 이 두 사람에게 아픔을 느끼도록 똑같은 자극을 준다고 해 봅시다. 그럼 IQ가 160인 사람이 조금이라도 더 많은 고통을 느낄까요? IQ가 80인 사람은 고통을 덜 느끼고요? 어쩌면 IQ가 160인 사람이 단어도 더 많이 알고 말도 더 조리 있게 할 수 있기 때문에 IQ가 80인 사람보다 자신이 받은 고통을 더 효과적으로 표현할 수 있을는지는 모릅니다. 그렇다 해서 실제로 느낀 고통이 더 크다고 말할 수 있을까요?

통증을 느끼는 일은 뇌와 신경계가 함께 움직이는 매우 복잡한 과정입니다. 따라서 짚신벌레나 아메바처럼 신경계가 없는 단세포 동물이나 식물은 고통을 느낄 수 없지요. 하지만 신경계를 가진 모든 동물은 고통을 느낍니다. 더구나 어류, 조류, 파충류, 포유류의 신경계에는 인간과 똑같이 고통을 전달하는 화학전달물질이 있다고 합니다.

동물은 물론이고 인간 또한 고통을 얼마만큼 느끼는지, 누구의 고통이 더 큰지 정확히 알 수 있는 방법은 없습니다. 누구나 매를 맞으면 아프지만, 사람마다 아픔을 느끼는 정도가 다릅니다. 한 대를 맞고도 기절할 만큼 아파하는 사람이 있고, 열 대를 맞아도 눈 하나 깜짝하지 않는 사람도 있습니다. 병원에서는 아무런 문제가 없다고 하는데도 온몸이 아프고 쑤셔서 일상생활을 제대로 못할 만큼 극심한 통증을 느끼는 사람들도 있으며, 아파 죽겠다고 몸부림치는 사람에게 가짜 약인 플라시보 주사를 놓으면 신기하게 통증이 사라지기도 합니다. 인간들이 느끼는 통증의 정체도 제대로 알지 못하는데 하물며 다른 동물들이 느끼는 통증이 이럴 것이다, 저럴 것이다 하며 함부로 말할 수 있을까요?

동물의 얼굴만 봐도 얼마나 고통을 느끼는지 알 수 있다고요? 물론 쇠창살에 갇혀 있거나 동물실험을 당하는 침팬지의 일그러진 표정을 보면 강한 동정심을 느끼게 됩니다. 그러나 돼지나 생쥐가 똑같은 쇠창살에 갇혀 있어도 침팬지보다 동정심을 훨씬 덜 느끼지요. 침팬지가 돼지보다 고통을 더 느끼기 때문일까요? 절대로 아닙니다. 우리가 침팬지를 더 불쌍하게 여기는 이유는 간단합니다. 침팬지의 얼굴이 인간과 비슷하기 때문에 사람이 아파할 때와 비슷한 표정을 금방 읽을 수 있기 때문입니다. 그러나 돼지의 얼굴에는 인간의 고통스러운 표정이 나타나지 않기 때문에 동정심을 느끼기가 힘이 듭니다.

우리가 동물이 아파한다고 느끼는 것은 겉모습을 보고 느끼는 단순한 느낌일 뿐입니다. 실제로 강아지나 고양이, 토끼처럼 보기에도 귀엽고 사랑스러운 동물에게 주사 바늘을 꽂는 장면을 보면 우리는 매우 강한 동정심을 느낍니다. 인간과 전혀 닮지 않은 닭, 물고기나 징그럽게 생긴 뱀, 거미에게 동정심을 느끼기는 어렵지요. 인간이 동정심을 느끼는 것과 실제로 동물이 고통을 느끼는 것은 아무 상관이 없습니다.

결국 우리는 동물이 어떤 방식으로, 어떻게, 얼마나 통증을 느끼는지 알 수 없습니다. 다시 말하면 닭이 침팬지보다, 물고기가 돼지보다 더 큰 고통을 느낄 가능성이 얼마든지 있다는 것이지요. 우리는 인간의 입장에서 동물들의 고통을 멋대로 추측해서도 안 되고, 인간의 기준으로 동물들에게 순서를 매겨서도 안 됩니다.

인간은 지구의 주인공이 아니다

그래도 인간과 가까운 동물들이 분명히 있으니 그 동물들을 더 많이 배려해야 한다고요? 물론 인간과 침팬지는 진화의 역사에서 같은 조상으로부터 갈라져 나왔지요. 겉모습과 행동을 관찰해 보아도 그렇고 DNA

를 비교해 봐도 인간과 침팬지는 공통점이 아주 많습니다. 그렇다고 해서 인간이 영장류인 침팬지를 다른 동물들에 비해 더 많이 배려해야 할까요? 또 인간이 포유류에 속하기 때문에 개나 소, 돼지 같은 포유동물을 조류나 어류 동물들보다 더 배려해야 하는 걸까요?

그런데 왜 유독 인간과 가까운 동물만 더 특별하게 배려해야 하나요? 물고기나 곤충과 가까운 동물들이 우선순위가 되면 안 될까요? 우리가 인간이니까 인간이 가장 소중한 것은 맞지만, 그렇다고 인간과 가까운 동물이 다른 동물보다 소중하다는 주장은 말도 안 됩니다. 우리가 인간이라서 인간이 소중하다는 주장과 인간이 이 지구상에서 가장 소중하니 기준으로 삼아야 한다는 주장은 서로 전혀 다른 이야기입니다.

인간은 이 지구상에서 가장 소중한 존재가 아닙니다. 따라서 인간과 가까운 동물이 지구에서 인간 다음으로 소중한 존재일 수도 없습니다. 사람들은 인간을 지구에서 가장 중요한 생물로 여기고, 수십억 년 동안 이루어진 지구와 생명의 진화도 우리 인간을 탄생시키기 위해 이루어진 드라마라고 생각합니다. 그래서 진화를 박테리아가 어류로, 어류가 양서류로, 양서류가 파충류와 조류로, 다시 포유류로 진화한 다음, 마지막에 영장류로 진화해 결국 인간이라는 주인공을 탄생시킨 감동적인 드라마로 이해하지요.

그러나 진화는 어떤 특별한 목적, 특정한 방향을 향해 발전하는 것이 아닙니다. 진화의 역사는 엄청나게 다양한 종류의 수없이 많은 생명체들이 지구상에 등장했다가 사라져 가는 역사입니다. 인간이라는 하나의 주인공을 탄생시키기 위해 한 방향으로 발전해 온 역사가 아니라, 나뭇가지가 굵은 줄기로부터 잔가지로 사방으로 뻗어나가듯 다양한 생명체들이 촘촘히 얽혀 지구라는 커다란 생태계를 만들어 온 역사입니다.

진화를 인간을 위한 역사로 이해하는 것은 아무런 합리적·과학적 근

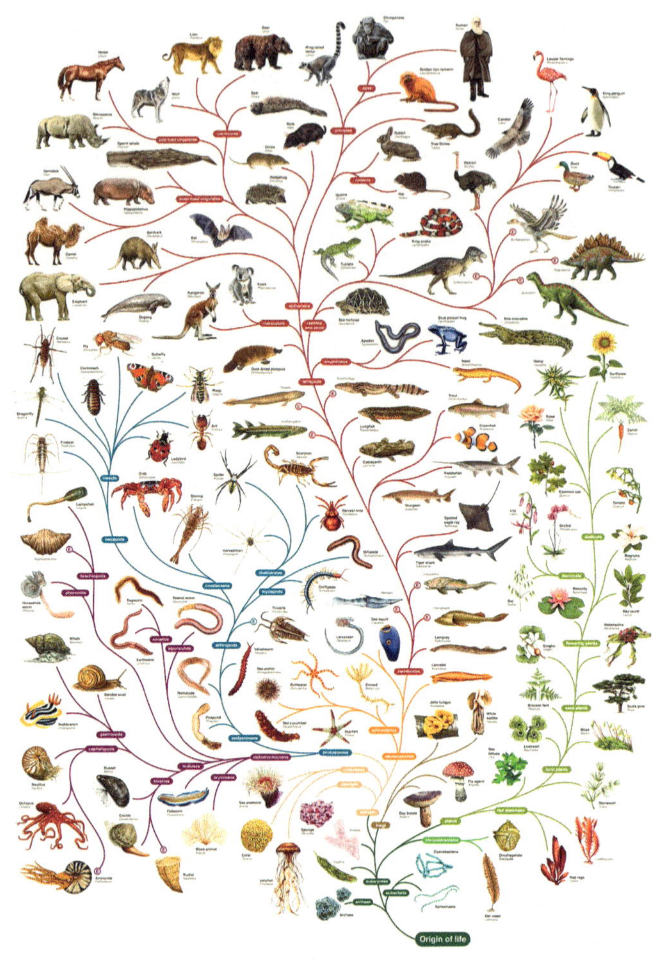

동물과 식물의 진화 과정을 나무의 줄기와 가지로 표현하고 있는 계통수(系統樹) 그림. 현재 지구에서 살아 가고 있는 다양한 동식물들이 먼 옛날 하나의 선조에서 여러 갈래로 나뉘어 진화해 왔음을 보여 준다.

거가 없는 생각입니다. 어류에서 양서류로, 양서류에서 파충류로, 파충류에서 포유류로, 포유류에서 영장류로, 마침내 영장류로부터 인간이라는 종이 탄생한 것은 많고 많은 갈래길 중 하나일 뿐입니다. 그런데도 인간은 자신이 진화의 주인공이자 지구의 주인공이라 믿고 다른 생명체들을 인간이 지배하는 게 당연하다는 착각에 빠져 있지요.

그러나 인간 역시 지구를 스쳐 간 과거의 생물들처럼 얼마든지 멸종할 수 있습니다. 지금의 인간보다 훨씬 더 오랫동안 지구에서 번성했던 공룡들을 생각해 보세요. '설마 우리 인간이 멸종할 리는 없겠지.'라고 생각하나요? 40억 년이 넘는 지구의 역사를 본다면 우리 인간은 갓 나타난 존재일 뿐입니다.

인간 : 지구상에서 언제 사라진다 해도 이상할 것 없는 존재

이것이 진실입니다. 그런데 인간은 왜 자신이 지구의 주인공이자 진화의 주인공이라고 오해하는 걸까요? 바로 인간이 가진 '생각하는 능력'에 대한 자만심 때문입니다. 그런데 다른 종의 동물들 역시 나름대로 뛰어난 능력을 가지고 오랫동안 생존해 왔습니다. 지구에서 수억 년을 살아 온 바퀴벌레의 생존 능력이나 인간이 가 본 적도 없는 깊은 바다를 지배하는 심해 물고기들의 능력은 인간의 생각하는 능력 못지않게 뛰어난 능력입니다. 인간의 능력만이 우월하고 뛰어나다고 여기는 것은 인간의 착각입니다.

인간이 멸종한다고 해서 지구가 멸망하지도 않고, 인간이 지구에서 사라진다고 해서 진화가 멈추지도 않습니다. 공룡이 사라진 뒤 새로운 생명체가 지구를 점령했듯, 인간이 사라진 후에도 새로운 진화는 계속될 것입니다.

물론 우리는 우리의 자식들을 포함해 미래에도 인간이 멸종하지 않기를 바랍니다. 자, 그러려면 어떻게 해야 할까요? 인간 마음대로 동물들에게 순서를 매겨 차별하지 말고, 모든 동물을 지구 생태계의 구성원

으로서 똑같이 존중해 주어야 합니다.

당장 인간에게 이롭다고 해서 더 많이 존중해 주고, 당장 인간에게 피해를 준다고 해서 함부로 해치는 식으로 차별해서는 안 됩니다. 늑대가 가축에게 피해를 준다고 해서 함부로 죽여 버리면 어떻게 될까요? 당장은 좋겠지요. 하지만 늑대가 사라진 초원에 토끼와 쥐들이 엄청나게 늘어날 것입니다. 늘어난 토끼와 쥐들이 초원의 풀과 풀뿌리를 모두 먹어치우게 되면 초원은 사라집니다. 초원이 사라지면 초원의 풀을 뜯어 먹던 가축들도 사라지겠지요. 그다음은? 바로 가축에게서 먹거리를 얻던 우리 인간이 사라질 차례입니다.

오래전 미국의 카이바브 고원에서 사슴을 보호하기 위해 퓨마와 코요테를 함부로 사냥한 일이 있었습니다. 천적이 사라지자 얼마 후 사슴의 수가 25배나 늘어났지요. 결국 먹을 것이 모자라 사슴들은 굶어 죽고 고원은 황폐화되었습니다. 뒤늦게 퓨마와 코요테 사냥을 금지하고도 수십 년이 지나서야 고원은 원래의 모습을 되찾을 수 있었습니다.

1920년대 초, 미국의 옐로스톤 국립공원에서는 사람과 초식동물에게 해를 끼친다는 이유로 늑대를 보이는 대로 죽이거나 공원 밖으로 내몰았습니다. 늑대가 사라지자 초식동물이 어마어마하게 늘어났고, 결국 숲의 생태계는 손을 쓸 수 없을 정도로 파괴되고 말았지요. 70년이 지난 후에야 동물 보호 운동가들의 주장에 따라 늑대를 다시 국립공원에 풀어 놓았고, 늑대가 돌아온 후 숲은 빠르게 본래 모습을 되찾았습니다.

모든 동물은 다 지구 생태계에서 자기 역할이 있는 중요한 구성원들입니다. 따라서 동물들을 인간과 가까운 동물, 지능이 높은 동물, 인간에게 유익한 동물들로 가리고 따져서 차별 대우를 해야 한다는 주장은 말도 안 되는 억지입니다. 지구상의 어떤 동물들도 인간 마음대로 차별해서는 안 됩니다.

프라이드치킨 vs 프라이드침팬지

우리 인간이 동물들을 인간의 기준으로 판단하면서 저지르는 잘못은 또 있습니다. 앞발로 대나무 줄기를 잡고 잎을 뜯어 낸 다음 하루 종일 대나무 새순을 먹는 판다는 누가 봐도 귀엽게 생겼습니다. 이처럼 호감이 가는 외모 덕분에 판다는 많은 사람들에게 사랑받고 있지요. 여러 나라에서 먹이를 가져다주고 혹여 멸종될세라 인공 수정까지 하는 등, 온갖 보호를 받으면서요. 반면 인간의 눈으로 볼 때 호감을 느끼기 힘든 도마뱀이나 곤충들은 멸종 위기에 놓여도 그다지 관심을 받지 못합니다. 우리가 동물들을 얼마나 함부로 차별하는지 잘 보여 주는 사례지요.

사람들끼리도 외모로 차별하면 안 되듯, 동물 역시 외모로 차별해서는 안 됩니다. 그리고 우리는 외모뿐 아니라 인종이나 성별에 따라서도 차별을 해선 안 된다는 사실 또한 잘 알고 있습니다. 이는 동물을 대할 때도 마찬가지입니다.

우리는 모든 동물들을 평등하게 대해야 합니다. 철학자 피터 싱어는 자신의 책 『동물 해방』에서 "평등은 어떤 존재든, 흑인이든 백인이든, 남성이든 여성이든, 인간이든 인간 아닌 존재든 간에 관계없이 모든 존재에게 적용되어야 한다."라고 말했습니다.

그런데 모든 동물들을 차별 없이 평등하게 대해야 한다고 주장하면 이렇게 반박하는 사람들도 있습니다. "그럼 방 안에 있는 바퀴벌레

나 모기도 죽이지 말자고? 집 뒷산에 늑대가 있어도 내버려 두자는 말이야?" 물론 그렇지 않습니다. 어떤 동물이건 나한테 직접 피해를 주거나 내 목숨을 위태롭게 하는 경우라면 해쳐도 어쩔 수 없습니다. 그건 정당방위니까요. 그렇지만 나한테 직접 피해를 주지 않는 경우라면 어떤 종이건 평등하게 존중해 줘야 합니다. 코알라가 인간에게 호감을 주는 외모를 가졌다는 이유로, 침팬지가 인간과 비슷하다는 이유로, 강아지가 인간에 대한 충성심이 강하다는 이유로 다른 동물보다 더 소중하게 여겨서는 안 됩니다. 그러다 보면 강아지가 학대당하는 것에는 분노하면서 학대당하는 돼지의 처지에는 무관심한 사람, 판다의 멸종은 걱정하면서 늑대의 멸종에는 무관심한 개념 없는 사람이 되고 맙니다.

동물의 고기를 먹는 문제는 어떨까요? 예를 들어 인간과 가장 비슷한 영장류에 속하는 침팬지의 고기가 맛도 뛰어나고 영양가도 높으며, 소나 돼지 같은 가축을 길러 잡아먹을 때처럼 돈도 많이 들지 않는다면 그 고기를 음식으로 먹어도 될까요? 모든 동물은 평등하다는 입장에서 그 대답은 "네."입니다. 동물을 차별하면 안 된다고 지금껏 고개를 끄덕거렸던 사람들도 아마 이 대답에는 깜짝 놀랐을 거예요. 하지만 차근차근 이야기를 더 들어 보세요.

동물을 차별하면 안 된다는 주장에는 두 개의 주장이 숨어 있습니다. 하나는 모든 종의 동물들을 차별 없이 인간의 생존을 위해 이용하자는 주장입니다. 또 하나는 모든 종의 동물들을 차별 없이 생태계의 구성원으로 존중하자는 주장입니다. 우리가 동물을 평등하게 대하자고 말할 때의 주장은 바로 두 번째 주장입니다.

우리 인간은 동물을 존중해야 하지만, 살기 위해 어쩔 수 없이 동물의 고기에서 얻을 수 있는 단백질을 먹어야 합니다. 그렇다면 최소한의 양만 먹고 동물 보호와 환경 보호에 힘쓰면서, 인간이 동물에게 빚진 만큼 자연에 다시 돌려주며 살아가면 됩니다. 지구 어딘가에는 우리들이 치킨을 먹는 것처럼 침팬지 고기를 먹는 사람들이 존재합니다. 이들 역시 자연에 고마워하는 마음으로 꼭 필요한 만큼의 침팬지만 잡아 고기로 먹고 생태계의 질서를 존중하며 살아가면 됩니다. 프라이드치킨이냐 프라이드침팬지냐는 사실 아무런 상관이 없습니다. 무슨 고기냐가 중요한 것이 아닙니다. 무엇이든지 필요 이상으로 잔뜩 길러 탐욕스럽게 먹어 치우는 태도가 더 큰 문제지요. 동물 차별의 문제가 고기의 종류를 선택하는 문제가 되면, 결국 사람들은 멋대로 동물들에 순서를 매길 수밖에 없습니다. 그러고는 강아지는 열심히 사랑하면서 치킨은 아무런 죄책감도 없이 매일같이 먹어 치우게 되지요.

오늘날 사람들은 지나치게 많은 고기를 먹으며 살아가고 있습니다. 고기가 없으면 하루도 살 수 없는 고기 중독자도 많지요. 지나친 육식은 건강에도 좋지 않지만, 그보다 더한 문제들도 많습니다. 가축을 기르고 가축에게 먹일 사료를 기르느라 정작 굶어 죽는 사람들을 위해 농사 지을 땅이 사라지고 있고, 가축의 똥오줌은 수질오염을 일으킵니다. 맛 좋은 스테이크를 위해 식용으로 길러지는 소들이 내뿜는 이산화탄소의 양도 어마어마합니다.

몸을 움직일 수조차 없는 좁은 공간에서 오로지 고기가 되기 위해 길러지고 잔인하게 도살되는 동물들을 생각해 보세요. 주위를 둘러보면 이런 이유로 신체적인 성장이 다 끝난 이후 스스로 채식을 선택하는 사람들도 많습니다. 물론 동물에게서 얻는 단백질을 전혀 먹지 않는 완전한 채식주의자가 되는 것은 매우 힘든 일입니다. 하지만 동물들을 죽이지 않고도 얻을 수 있는 우유, 치즈, 달걀만 먹는 건 생각만큼 어렵지 않습니다.

평생을 침팬지와 함께 생활한 제인 구달은 말합니다. "지구상에서 인

공장식 축산으로 닭을 기르는 농장. 최소한의 비용으로 최대한의 고기를 생산하기 위해 전 세계 가축 농장의 90퍼센트 이상이 공장식 축산을 하고 있다.

간만이 개성과 마음, 감정을 지닌 것이 아님을 안다면, 다른 생명들을 이용하고 학대하는 것에 대해 다시 생각해 볼 수 있습니다. 그리고 적어도 자기 자신을 부끄럽게 여기게 되지요."

동물을 평등하게 대하는 것은 쉽지 않습니다. 입에서 살살 녹는 맛있는 고기를 딱 필요한 만큼만 먹는 것도 쉬운 일이 아닙니다. 그러나 고통받는 동물들의 비명 소리에 귀 기울이고, 생태계의 파괴와 기후변화에 좀 더 관심을 가진다면 우리의 삶은 물론이고 지구의 환경도 달라질 것입니다. 그렇게 되면 굳이 이런 저런 이유를 대 가면서 동물들을 줄 세우고 차별할 수밖에 없다고 변명을 늘어놓을 필요도 없겠지요.

우리는 수많은 생명과 함께 지구에서 살아가는 인간으로서 모든 동물들을 평등하게 대우해야 합니다.

입장 정하기

● 다음 쟁점에 대하여 자신의 입장을 정하고 근거를 제시해 봅시다.

> **쟁점 ❶** | 지구에서 인간이 제일 뛰어난 존재이다.

입장 :

근거 :

> **쟁점 ❷** | 모든 동물은 평등하다.

입장 :

근거 :

> **쟁점 ❸** | 치킨이나 삼겹살은 먹어도 되지만 보신탕은 먹으면 안 된다.

입장 :

근거 :

● 할머니가 입는 모피 코트, 이모가 드는 악어가죽 가방, 아빠가 신는 소가죽 구두, 삼촌의 패딩 점퍼 속에 들어찬 거위 깃털……. 여러분이 가진 물건 중 동물에게서 얻은 것들을 찾아보고, 그 물건이 어떻게 만들어지는지, 혹시 다른 제품을 대신 쓸 수는 없는지 생각해 봅시다.

실험실 식량 드실래요?

많은 사람들이 채식을 합니다. 다이어트를 위해, 건강을 위해, 동물을 보호하기 위해……. 하지만 채식만 하다가 건강을 해치고 우울증에 걸렸다는 사람도 있습니다. 채식과 관련된 흥미로운 과학 이야기를 만나 볼까요?

글루텐으로 만든 콩고기

비만을 치료하기 위해, 동물을 차별하지 않기 위해, 동물의 고통을 줄이기 위해, 식용 동물을 기르는 데 들어가는 돈과 곡식을 가난한 나라 사람들과 나누기 위해 채식을 선택한 사람들. 고기반찬에는 젓가락도 가져다 대지 않는 사람들을 보면 정말 대단해 보입니다. 하지만 맛있는 고기를 꾹 참고 먹지 않는 것은 괴로운 일이 분명하지요.

그래서 사람들은 콩고기라는 것을 만들었습니다. 잘 구워진 식빵이 마치 닭고기처럼 쭉 찢어지고, 중국집 주방장이 묘기 부리듯 빙빙 돌려 만든 수타면이 쫄깃쫄깃한 것을 보세요. 이는 바로 밀가루 속에 들어있는 글루텐이란 단백질 덕분입니다. 콩고기는 콩과 글루텐으로 만들어, 씹는 느낌이 고기와 아주 비슷하지요. 채식주의자들은 콩고기에 불고기 양념을 해서 먹기도 하고 탕수육을 만들거나 돈가스처럼 튀겨 먹기도 합니다. 콩은 원래 '밭에서 나는 쇠고기'라고 불릴 만큼 단백질이 풍부하니까 영양 면에서도 손색이 없지요.

실험실에서 탄생한 시험관 고기

만약 채식을 하는 이유가 동물에게 고통을 주지 않기 위해서라면, 고통 없이 기른 고기는 먹어도 될까요? 넓은 풀밭에서 마음껏 뛰놀게 하며

키웠다 하더라도 죽이는 순간에는 어쩔
수 없이 고통을 주게 되지요. 그렇다면 실
험실에서 고기를 만든다면 어떨까요?
실제로 네덜란드 에인트호번 대학에서
는 암소의 줄기세포를 이용해 근육과 살코

기로만 이루어진 고깃덩어리를 만들어 내는 데 성공했다고 합니다. 이 고기는
'실험실 고기' '시험관 고기' '배양육' '재배고기' 등등 다양한 이름으로 불립니다.
실험실에서 고기를 만들면 동물을 길러서 고기를 얻을 때 필요한 땅의 1퍼센트,
물도 2퍼센트만 있으면 됩니다. 온실가스도 90퍼센트나 줄일 수 있다고 해요.
이뿐 아니라 무늬가 있는 초밥용 생선이 열리는 '생선 나무'나 오메가3와 비타민
이 함유된 미트볼도 연구 중이라고 합니다.

다양한 채식주의자

하지만 아직까지 채식은 각자의 굳은 의지로 지켜 나가야 하는 생활 태도입니
다. 사람들이 채식을 하는 방법은 소, 돼지와 같은 붉은 고기만 먹지 않는 것부
터 사람의 손으로 딴 식물조차 먹지 않는 것까지 다양합니다.
우리에게 가장 친숙한 채식주의자들은 해산물은 먹지만 소고기, 돼지고기, 닭
고기와 같이 뭍에서 나는 고기는 먹지 않는 페스코 베지테리언입니다. 또 우유
와 유제품, 그리고 동물의 알까지 먹는 오보 베지테리언이 있지요. 가장 엄격한
채식주의자들은 비건이라고 부릅니다. 이들은 고기나 해산물은 물론이고 우유
나 유제품, 동물의 알도 먹지 않아요. 그래서 달걀을 넣어 반죽한 빵이나 멸치로
우려낸 국물도 안 먹지요. 이들은 동물의 생명을 해치지 않기 위해 고기를 먹지
않는 것을 넘어, 모피나 가죽 제품도 사용하지 않습니다. 더불어 프루테리언은
과일조차도 사람이 따지 않고 자연스럽게 떨어진 것만 먹는다고 하니, 식물의
생명까지 존중하는 채식주의자라고 할 수 있겠습니다.
채식주의자들이 이렇게 다양한 이유는 저마다 포기할 수 없는 음식들이 있기 때
문이기도 하겠지만 생명을 바라보는 기준이 달라서일 것입니다. 여러분은 어떤
생명을 소중히 여길 수 있을까요? 먹지 않는 방법 외에도, 그 생명을 어떻게 소
중히 여길 수 있을까요?

02
스마트폰은 날개일까, 족쇄일까?

● ● ● 스마트폰 없는 삶을 상상할 수 있을까요? 몇 년 전까지만 해도 컴퓨터 따로, 전화기 따로였지만, 이제는 언제 어디서나 컴퓨터 없이도 인터넷과 게임을 즐길 수 있지요. 이런 재미 있는 오락거리뿐 아니라 여러 가지 유용한 기능을 가진 스마트폰은 마치 알라딘의 요술 램프와 도 같습니다. 그런데 스마트폰이 너무 많은 기능을 하다 보니 우리의 일상을 지배하다 못해, 오 히려 우리를 중독시켜 옭아매는 족쇄가 되어간다는 의견도 등장하고 있는데요, 과연 스마트폰 은 우리에게 진정으로 이로운 것일까요?

●

그래,
스마트폰은 우리에게 날개를 달아 줄 거야

●

아니야,
스마트폰은 우리를 옭아매는 족쇄일 뿐이야

생각열기 | 02 | 스마트폰은 날개일까, 족쇄일까?

손바닥만 한 스마트폰 하나가 컴퓨터, TV, 사진기, 녹음기, 게임기, 지도. 손전등, 온도계, 계산기, 메모지, 사전, 책의 역할을 합니다. 여러분에게 스마트폰은 무엇인가요? 파란색 동그라미에는 스마트폰의 장점을, 주황색 동그라미에는 스마트폰의 단점을 적어 넣고, 주어진 문장을 완성해 봅시다.

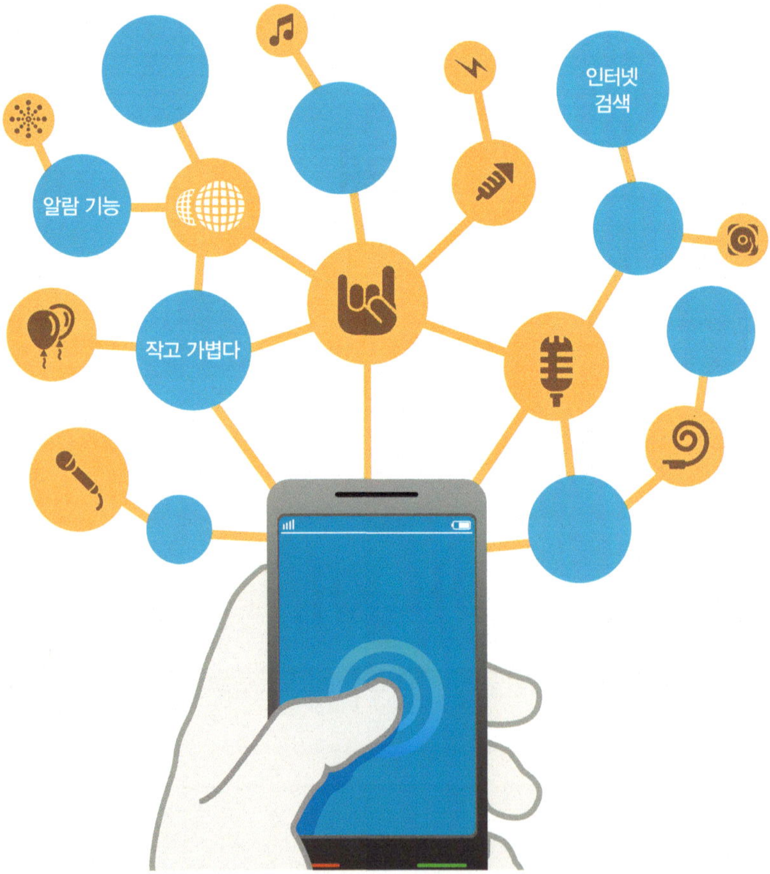

스마트폰은 나에게 [　　　　　　　　] 다.
왜냐면 _______________________________________
____ 기 때문이다.

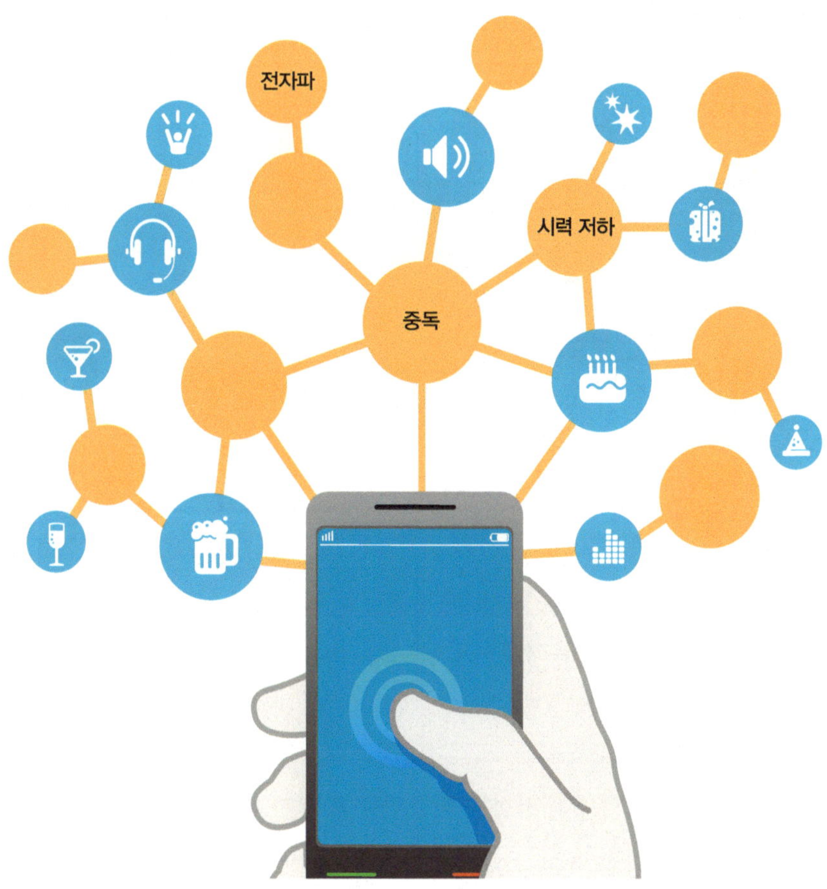

그래!
스마트폰은 우리에게 날개를
달아 줄 거야

이 얼마나 편리한가! 이 얼마나 멋진가!

"스마트폰이 우리에게 꼭 필요할까?"라는 질문을 하는 사람들이 있습니다. 이미 너 나 할 것 없이 스마트폰을 사용하고 있는데 스마트폰이 필요한지 필요 없는지, 쓸모 있는지 쓸모없는지 묻는 일이야말로 정말 쓸모없는 질문이 아닐까요? 2013년 현재 전 세계 스마트폰 사용자는 11억 명이나 됩니다. 스마트폰이 얼마나 필요하고 쓸모 있는 물건인지는 이 엄청난 숫자가 잘 말해 주고 있지요.

스마트폰은 우리말로 '똑똑한 휴대전화'입니다. 하지만 스마트폰은 전화보다는 휴대용 컴퓨터에 가깝습니다. 1946년에 개발된 최초의 컴퓨터 에니악은 무게가 30톤이나 되는 데다 큰 방 하나를 가득 채우고도 남을 만큼 어마어마한 덩치를 가지고 있었지요. 1980년대 초반부터 팔리기 시작한 초창기의 휴대전화는 벽돌만큼이나 크고 무거웠습니다. 하지만 과학기술의 발전 속도는 놀랍기만 합니다. 30년 만에 컴퓨터가 휴대전화 속으로 쏙 들어가 우리 손에 딱 잡힐 만큼 작고 가벼운 스마트폰이 탄생했으니까요.

스마트폰은 컴퓨터에서 할 수 있는 일을 휴대전화에서도 할 수 있으면 좋겠다는 생각으로 개발되었습니다. 컴퓨터는 원래 많은 양의 계산을 빠르고 정확하게 처리하기 위해 만들어졌습니다. ■ 그런데 1991년, 인터넷을 통해 전 세계 컴퓨터가 연결되면서 놀라운 일이 일어났지요. 컴퓨터가 고급 계산기나 글을 쓰는 도구에서 벗어나 전 세계 사람들이 정보와 지식을 나누는 도구가 된 것입니다. 통신이 발달한 덕분에 인류의 삶이 크게 바뀌기 시작한 순간이지요.

스마트폰은 이처럼 세상을 변화시킨 컴퓨터가 고스란히 휴대전화 속으로 들어온 것입니다. 그러니 세상에 나온 지 겨우 몇 달 만에 전 세계 사람들의 폭발적인 관심과 사랑을 받은 것은 당연하지요. 스마트폰이 우리 삶을 얼마나 변화시켰는지 똑똑한 씨와 영리 군의 하루를 한번 따라가 볼까요?

똑똑한 씨의 하루를 여는 것은 스마트폰이다. 스마트폰 알람이 울리면 눈을 뜨고 하루를 준비한다. 옷을 입기 전 스마트폰으로 오늘 할 일과 만날 사람, 날씨를 확인한다. 누구를 만나는지, 날씨가 어떤지에 따라 복장이 달라지기 때문이다. 오늘은 날씨가 춥다니 현관을 나서기 전 미리 스마트폰으로 차에 시동을 걸어 둔다. 내비게이션에는 목적지를 입력해 놓고 그동안 커피 한 잔의 여유를~~ 회사에 도착해 오

●●●●●●**컴퓨터의 기본 원리**
컴퓨터는 손으로 만질 수 있는 부분인 하드웨어와 프로그램이라 불리는 소프트웨어로 이루어진다. 컴퓨터의 기본 원리는 정보의 입력과 출력이다. 우리가 키보드나 마우스, 터치스크린 등으로 데이터를 입력하면 컴퓨터는 모니터나 스피커, 프린터 등의 출력 장치로 결과를 보여 준다.

늘 만나는 고객의 페이스북과 트위터, 블로그를 검색해 요즘 어떻게 지내는지 오늘 기분은 어떤지 미리 체크한다. 음~ 오늘은 좀 조심해야 겠다. 목적지로 향하는 도중에 친구에게 전화가 왔다. 너무 오랜만이 라 화상 모드로 서로의 얼굴을 확인하는데…… 아뿔싸! 그게 실수였 다. 화상 통화를 하느라 끼어들던 차를 못 보고 부딪힌 것이다. 누구 잘 못이냐고 소리 지를 필요 없이 스마트폰의 블랙박스 영상을 보험회사 에 전송하면 끝. 똑똑한 씨는 기분 전환도 할 겸 음악을 튼다. 스마트 폰이 알아서 2천곡이 넘는 노래들 중 지금 상황에 맞는 음악들만 골라 틀어 준다. 그렇게 도착한 약속 장소에는 아직 고객이 보이지 않는다. 너무 일찍 도착했나 보다. 잠깐 게임도 하고 전자책도 몇 장 읽는다. 드 디어 고객 도착. 서로 스마트폰을 부딪쳐 명함을 교환한다. 미리 조사 해 간 고객의 취미와 관심사로 이야기꽃을 피우니 고객의 얼굴에도 웃 음꽃~~ 계약 서류에 도장을 찍고 계약금을 그 자리에서 바로 입금하 니 스마트폰에는 돈이 들어왔음을 알리는 반가운 소리가 ‘딩동~~!’ 페 이스북에 오늘 계약 성공을 알리는 글을 올리자 여기저기서 한턱 내 라는 메시지가 날아온다. 친구들과 만나 즐겁게 저녁을 먹고 돌아오는 길, 갑자기 배가 아프다. 너무 과식했나? 스마트폰으로 현재 위치 주변 의 약국을 찾아 약을 사 먹고 집으로 돌아온다. 자리에 누워 스마트폰 으로 주말에 놀러 올 친구들을 위해 손님 맞이용 요리를 검색한다. 간 편 요리 비법을 내려받고 재료의 원산지와 신선도를 체크해서 주문 완 료~~ 똑똑한 씨는 다시 내일을 위해 알람을 맞추고 수면체크 앱을 작 동시킨 후 잠이 든다.

영리의 하루를 여는 것은 중학교 입학 기념으로 부모님께서 사 주 신 스마트폰이다. 부모님이 깨워 주시지 않아도 혼자 일어날 수 있도록 스마트폰 알람 어플에 7시면 제일 좋아하는 가요가 흘러나오도록 설정해 놓았다. 물론 주말에는 늦잠을 자야 하니까 주중에만 울리도록 했다. 영리가 알람을 끄고 세수한 뒤 교복으로 갈아입고 나니, 오늘 챙겨야 할 준비물들이 스마트폰 화면에 떠오른다. 영리가 씻고 옷 갈아 입는 시간을 계산해서 해야 할 일 목록을 7시 50분에 알림받도록 설정해 놓았기 때문이다. 오늘은 음악 수업이 있으니 리코더를 챙겨야 하고, 학교 가는 길에 스케치북을 사야 한다. 현관을 나선 영리는 음악 스트리밍 앱으로 영어회화 강의를 제일 먼저 재생한다. 엘레베이터에서 원어민의 발음을 따라 하면서 친구들이 밤새 보내 놓은 카카오톡 메시지들을 훑는다. 친한 친구들이 학교에 언제 오는지나 숙제에 대해 묻는 데 답하고 학교로 향한다.

학교에 도착한 영리는 시간표 앱을 확인한 후, 스케줄러 앱을 연다. 자습 시간에 해야 할 숙제들과, 수행평가를 위해 읽어야 할 책 목록이 뜬다. 사물함에서 그날 필요한 교과서와 공책, 그리고 독후감 과제를 위한 책을 꺼내 오고는 담임선생님이 오실 때까지 인터넷 포털사이트에 들어가 메인에 뜬 뉴스 기사들을 훑고, 트위터에 들어가 팔로우한 여러 지식인들의 이야기를 읽는다. 자습 시간이 되어 담임선생님이 들어오시자 영리는 스마트폰을 꺼서 수거통에 넣는다.

학교 수업과 방과후 수업, 그리고 학원까지 마친 영리의 하루를 닫는 것 또한 스마트폰이다. 집에 와서 스마트폰에 내려받아 놓은

EBS 국사 강의를 보고 난 뒤, 체조 앱을 열어 키 크는 데 도움이 된다
는 스트레칭을 따라 한다. 뻐근한 몸을 움직이고 나니 왠지 잠도 솔솔
잘 올 것 같다. 침대에 누운 영리는 곧바로 눈을 감고 걱정 없이 잠이
든다. 스마트폰과 함께라면, 내일 학교생활도 아무런 탈 없이 해낼 수
있기 때문이다.

여러분은 스마트폰을 어떻게 사용하고 있나요? 영리 군보다 더 다양
하게 사용하는 사람도 있을 테고 덜 사용하는 사람도 있겠지요. 하지만
분명한 것은 이제 스마트폰이 우리 삶에서 떼려야 뗄 수 없는 도구이자
친구가 되었다는 사실입니다. 스마트폰은 컴퓨터보다 몇 배나 더 우리
생활을 크게 변화시키고 있지요.

정보의 네트워크, 사람의 네트워크

스마트폰이 이렇게 화려하게 우리 생활에 들어오게 된 이유는 언제 어
디서나 네트워크에 접속할 수 있게 해 주기 때문입니다. 걸어 다니면서
도, 밥을 먹으면서도, 심지어 자리에 누워서도 손쉽게 네트워크에 접속
할 수 있으니까요. 예전에 중고등학생들의 가방은 무척이나 무거워서
심지어 가방 때문에 건강을 해칠 수 있다고 의사들이 걱정할 정도였습
니다. 하지만 두꺼운 영어 사전과 교과서, 참고서로 꽉 차 있던 가방을
지금은 스마트폰 속의 다양한 어학 사전, 전자책, 동영상 강의가 대신할
수 있지요. 더구나 인터넷으로 검색만 하면 몇십 권짜리 백과사전도 거
뜬하니까요. 이제 우리는 더 이상 지식과 정보를 무겁게 등에 짊어지고
다니지 않아도 됩니다.

물론 인터넷이 정보의 바다가 아니라 쓰레기장이라고 말하는 사람

하루 동안 미국, 브라질, 일본, 오스트레일리아, 영국, 프랑스 등 전 세계 곳곳에서 전송된 데이터를 바탕으로 만든 네트워크 지도. 우리나라는 노란색 그물에 속해 있다.

들도 많지만 그건 자신의 인터넷 검색 능력이 떨어진다고 털어놓는 꼴입니다. 질 좋은 정보와 쓰레기 정보를 구별하는 능력은 길을 가다가 "저, 잠깐 시간 있으세요?"라고 웃으며 접근하는 미인이 나에게 관심이 있어 그러는 건지 '도'를 알려 주겠다고 그러는 건지 구별하는 능력과 비슷합니다. 처음에는 몇 번 속았을지 모르지만 이젠 얼굴만 봐도 금방 알 수 있죠. 인터넷에서 정보를 골라내는 것도 마찬가지입니다. 우리는 인터넷에 떠도는 무수한 정보를 일일이 보지 않아도 원하는 정보만 쏙쏙 골라낼 수 있으니까요.

이와 같이 스마트폰은 우리를 정보의 바다로 불러내기도 하지만, 소통의 바다로도 이끌어 줍니다. 스마트폰 덕분에 우리는 전 세계를 하나로 이어 주는 사람들의 네트워크를 갖게 되었습니다. 사람들은 페이스북, 카카오톡, 트위터 같은 소셜미디어를 통해 사람들 간의 네트워크를 활짝 꽃피웠지요.

미디어란 무엇일까요? 바로 한 사회에서 사람들의 생각과 의견을 주고받을 수 있는 수단을 말하지요. 우리말로는 '매체'라고 합니다. 우편, 전보, 신문, 잡지, 라디오, TV 등등이 모두 미디어지요. 사람들은 미디어를 통해 서로 소통합니다. 영어로 커뮤니케이션이라고 하는 바로 그 소통이지요.

사람들 간의 소통이 크게 발전한 것은 라디오, 영화, TV와 같은 대중매체가 보급되면서부터입니다. 직접 만나 일대일로만 이루어지던 소통이 과학기술과 통신 기술의 발달로 전파를 타고 수십만, 수백만 명의 사람들에게 확대된 거죠. 하지만 대중매체는 많은 정보를 많은 사람에게 빠르게 전달하는 장점이 있는 대신 일 대 다수, 즉 한 방향으로만 소통이 이루어진다는 단점이 있습니다. 그러다 보니 독재 권력이나 부패한 권력은 제일 먼저 대중매체를 장악해 사람들의 눈과 귀를 막기 위해 애쓰곤 했지요.

그러나 지금 우리가 만나는 소셜미디어는 대중매체와는 다릅니다. 대중매체는 정보를 만드는 생산자와 그 정보를 보고 듣는 소비자가 분명히 구분되어 있지만 소셜미디어에는 그런 구분이 없습니다. 페이스북이나 트위터, 위키미디어, 유튜브에 올라오는 수많은 손수제작물(UCC)

들을 보세요. 마치 누구나 자신만의 방송국을 가진 것처럼 직접 만든 영상을 선보이고 서로의 작품을 감상하지요. 바로 1인 미디어 시대가 열린 것입니다.

이제 사람들은 스마트폰 덕분에 자신들의 생각이나 의견, 경험, 정보를 다른 사람과 쉽게 나눌 수 있습니다. 일대일, 일대다를 넘어 다수 대 다수의 소통이 가능합니다. 또 한 방향으로만 흐르는 소통이 아니라 소통에 참여하는 모든 사람이 서로의 의견을 나누는 양방향 소통이 가능해졌습니다.

2010년 튀니지 알제리에서 과일을 팔던 26살 청년 모하메드 부아지지는 부패한 경찰이 막무가내로 노점상을 단속하자 이에 항의하기 위해 자기 몸에 스스로 불을 붙였습니다. 모하메드의 분신자살 소식은 트위터와 페이스북을 타고 빠르게 퍼져 나갔고 이에 분노한 사람들이 들고 일어났지요. 거센 시위의 물결은 24년이나 독재를 했던 대통령을 외국으로 내쫓았습니다. 사람들은 스마트폰을 통해 자신과 같은 생각을 하는 사람들이 있음을 알고 용기를 얻었지요. 스마트폰은 주저하던 사람들을 하나로 묶고 움직이게 만들었습니다. 튀니지의 나라꽃 이름을 따 '재스민 혁명'이라는 이름이 붙은 이 사건은 전 세계와 다른 아랍 국가들에도 영향을 끼쳐 이집트와 리비아, 예멘의 정부를 무너뜨렸습니다. 스마트폰은 총과 칼 대신 혁명을 일으키는 도구가 된 것입니다. 그것도 피 흘리지 않은 총과 칼!

든든한 보디가드가 되어 주는 스마트폰

스마트폰의 활약은 여기서 멈추지 않습니다. 스마트폰은 몸에 늘 지니고 다닐 수 있다는 장점 때문에 컴퓨터나 다른 디지털 기기가 할 수 없는 것까지 훌륭히 해냅니다. 더구나 컴퓨터에 프로그램을 깔듯이 '앱'이나 '어플'이라고 불리는 응용프로그램인 애플리케이션을 깔아 사용할 수 있기 때문에 할 수 있는 일이 무궁무진하지요.

그중 하나는 스마트폰이 우리의 보디가드가 되는 것입니다. 보통 범죄가 일어나면 우리는 CCTV를 분석해 범인을 찾습니다. 그런데 요즘엔 CCTV에 안면 인식 기술이나 범죄 상황 인식 기술이 더해져 CCTV가 범죄를 미리 예방도 할 수 있게 되었습니다. 주차장에서 오랫동안 쓸데없이 두리번거리는 사람이 있거나 새벽 시간 공원에 건장한 남자들이 모여 있을 경우, 또는 카메라에 잡힌 사람들의 얼굴을 범죄자들의 사진을 모아 놓은 데이터베이스와 비교하여 같은 얼굴이 있을 경우 그 사실을 경찰에게 알려 주는 수준까지 발전한 거죠. 이 기술을 활용한 미국 일부 지역에서는 범죄율이 34퍼센트나 떨어졌다고 합니다. 이런 기술이 스마트폰을 만나면 어떻게 될까요? 스마트폰으로 자신의 집이나 집 근처 CCTV를 실시간으로 모니터링할 수도 있고, 위험 지역에 있거나 위험 상황에 처한 경우 알람을 울려 줄 수 있지요.

실제로 CCTV와 스마트폰의 만남은 범죄 예방 이외에도 다양하게 활용되고 있습니다. 집 안의 움직임을 감지하여 보여 주거나 학교나 유치원, 놀이터에 있는 아이의 모습을 보여 주는 기능, 도로 상황을 보여 주는 기능을 보면, 이미 CCTV와 스마트폰이 찰떡궁합이라는 사실을 알 수 있습니다.

보디가드는 보통 외부의 위험으로부터 자신을 지켜 주지만 스마트폰 보디가드는 우리 내부의 적, 즉 질병으로부터도 우리를 지켜 줄 수 있습니다. 스마트폰으로 의약품안심서비스에 접속해 필요한 약을 제대로 먹고 있는지, 함께 먹어서는 안 되는 약이 있는지 확인할 수 있지요. 또 당뇨병이나 고혈압, 심장병을 앓는 사람들은 자신의 상태를 정기적으로 체크해서 의사에게 보낼 수 있습니다. 실제로 한 대학 병원에서는 환자들이 스마트폰으로 증상을 입력하면 의사가 진단을 해 주는 애플리케이션을 개발하기도 했습니다. 이 정도면 안팎으로 든든한 보디가드를 하나 데리고 다닌다고 할 수 있지 않을까요?

첨단 기술은 알라딘의 요술 램프

스마트폰은 집 밖에 있을 때에도 집 안의 장치들을 조종할 수 있게 합니다. 집 밖에서 가스레인지를 끌 수도 있고, 비가 오면 창문을 닫고 차양을 내려 마당의 강아지가 비를 피하게 할 수도 있습니다. 또 보일러를 켜서 미리 집을 따뜻하게 해 둘 수도 있으며 로봇청소기를 작동시킬 수도

있지요. 이런 기술은 이제 우리에게 너무도 당연한 것이 되어 버렸습니다. 얼마 전까지만 해도 SF영화 속에서나 가능한 일이었는데 말이에요.

여러분은 유비쿼터스(Ubiquitous)▪라는 말을 들어 본 적이 있나요? 유비쿼터스란 '어디에나 존재한다.'라는 뜻의 라틴어로 1988년 미국의 복사기 제조 회사에서 처음 만든 말입니다. 유비쿼터스가 이루어지면 물건을 사러 갈 때 지갑을 가지고 갈 필요가 없을 뿐만 아니라 굳이 슈퍼에 직접 가지 않아도 슈퍼에서 파는 물건의 가격이나 생산 일자, 유통 기한, 생산자와 생산지와 같은 정보를 모두 알 수 있을 거라고 상상했지

1988년 미국 제록스에서 근무하던 마크 와이저가 처음 사용한 용어로, 그는 수백 대의 컴퓨터가 한 명의 사람을 위해 존재하는 시대, 언제 어디서나 컴퓨터에 접속할 수 있는 시대가 올 것이라고 말했다. 이를 실현하기 위해서는 컴퓨터가 초소형이 되어 옷, 자동차, 냉장고 등 모든 물건 안에 들어가야 한다고 했다.

요. 또 집 밖에서 냉장고에 뭐가 있는지 체크하고, 나아가 냉장고가 알아서 떨어진 식료품을 구입할 거라고 했습니다. 그런가 하면 생전 처음 가 보는 낯선 곳에 가더라도 주변에 어떤 가게들이 있고 어디에 무엇이 있는지 모두 알아볼 수 있고, 지도가 없더라도 단말기로 모든 정보를 얻을 수 있다고요. 사람들은 "유비쿼터스는 영화를 현실로 만들어 줄 것이다."라면서 툭 하면 유비쿼터스 세상을 부르짖었습니다.

그런데 지금은 어떤가요? 유비쿼터스라는 말을 거의 듣지 못하지요? 왜 그럴까요? 유비쿼터스에 대한 기대가 사그라들기라도 한 걸까요? 그렇지 않습니다. 사람들이 유비쿼터스를 말하며 꿈꾸던 기술들은 이미 다 실현되었기 때문입니다. 지금 우리는 영화가 현실이 된 세상에 살고 있는 거지요. 냉장고는 저장된 재료를 스캔해 맞춤 요리를 제안하고, TV로 드라마를 보다가 탐나는 물건이 보이면 검색도 하고 바로 살 수도 있습니다. 스마트폰으로 집 밖에서 얼마든지 에어컨의 온도를 조절하고 세탁기를 돌리거나 가스레인지를 잠글 수 있지요. 요즘 '유비쿼터스'라는 단어가 자주 등장하지 않는 이유는 그것이 먼 훗날에 대한 상상이 아니라 현실이기 때문입니다. 이미 미래가 시작된 것입니다.

스마트폰은 사실 하나의 도구에 불과합니다. 하지만 스마트폰이 변화시키는 삶의 모습을 보면 '도구'라는 말이 무색할 지경입니다. 마치 이야기 속에 나오는 알라딘의 램프와 같다고 할까요? 사실 지금까지 말한 스마트폰의 기능은 스마트폰이 가진 수많은 기능 중 극히 일부에 지나지 않습니다. 단순하게 생각해서 앱의 개수만 헤아려도 수십만 개가 넘으니 단 하나의 스마트폰에서 할 수 있는 기능이 수십만 개가 넘는 셈이지요.

스마트폰을 비롯해 다양한 첨단 기술과 도구들은 우리의 삶을 송두리째 바꿔 놓고 있습니다. 그럼에도 스마트폰이 우리에게 날개를 달아 주기는커녕 오히려 인간다움을 파괴하고 어두운 미래를 가져올 거라고 말하는 사람들이 있습니다. 그런 주장을 하는 사람들은 인간에게 첨단 기술이 얼마나 중요한지, 어떤 의미를 갖는지 깨닫지 못하는 사람들입니다.

아주 오래전, 인류의 조상들은 나무 작대기 하나로 달려드는 짐승으로부터 자신의 몸을 보호했습니다. 그 순간 그 작대기 하나는 그냥 나뭇가지가 아니라 인류의 역사를 송두리째 바꿔 놓은 결정적인 기술이자 도구였습니다. 그 작대기를 통해 우리의 문명이 시작된 것처럼, 기술과 도구는 우리 삶을 더 나은 방향으로 인도해 줄 것입니다.

돌도끼로부터 스마트폰에 이르기까지 인류의 손에서 기술과 도구가 떠났던 적은 한 번도 없습니다. 현재의 스마트폰을 비롯해 다양한 첨단 기술들은 인간을 더 편리하고 풍요로운 내일로 이끌어 줄 것입니다. 인류를 발전시켜 줄 영원한 동반자인 셈이지요. 이제는 기술이 문제가 아니라 우리의 상상력이 문제입니다. 누구라도 상상만 해낸다면, 그리고 그 기술을 원하는 사람이 많다면 어떤 상상도 다 현실로 이루어 낼 수 있지요. 그렇게 만들어진 기술들이 우리를 더 편하고 자유롭고 행복하게 만들어 줄 것입니다.

아니야!
스마트폰은 우리를 옭아매는
족쇄일 뿐이야

켜기는 쉬워도 끄기는 어렵다

휴대전화 배터리가 닳아 전화기를 못 쓰게 되었을 때, 또 부모님이나 선생님께 휴대전화를 빼앗겼을 때 괜히 짜증만 나고 초조했던 경험이 누구나 다 있을 거예요. 2012년 한국청소년정책연구원이 전국의 학생들을 대상으로 설문한 결과에 따르면, 청소년들의 26.8퍼센트는 전화나 문자가 오지 않아도 전화를 계속 확인해야 마음이 편하며, 11.1퍼센트는 전화벨이 울리는 착각을 자주 한다고 대답했습니다. 이 수치는 해마다 계속 올라가고 있지요. 여러분도 그런가요? 그런데 혹시 휴대전화가 꼭 주머니나 손안에 있어야만 안심이 되는 자신의 모습에 문제가 있다고 생각해 본 적은 없나요?

휴대전화는 처음엔 경찰이나 의사처럼 위급하고 위험한 일을 하는 사람들만 쓰던 첨단 기기였습니다. 그러다가 모든 사람들이 휴대전화를 사용할 수 있게 되자 여러 부작용들이 생겨났습니다. 가장 큰 문제는 휴

대전화에서 흘러나오는 전자파였습니다. 휴대전화 전자파는 세계보건
기구가 '잠재적 발암물질'로 규정할 만큼 인체에 해롭습니다. 그다음 문
제는 사람들이 서로 만나지 않고 전화와 문자로만 소통하기 때문에 사
람들 사이의 정이 사라진다는 걱정이었지요.

그런데 스마트폰은 이제까지의 휴대전화를 넘어서는 더 발달된 첨
단 기기입니다. 마음껏 자유롭게 보낼 수 있게 된 문자, 더 다양해진 게
임과 볼거리, 언제 어디서나 가능한 인터넷 검색, 페이스북이나 트위터
같은 소셜네트워크 서비스……. 스마트폰 덕분에 휴대전화를 들여다보
고 있는 시간이 옛날에 비해 훨씬 더 길어졌지요. 당연히 편리함만큼이
나 부작용도 함께 늘어났습니다. 전자파에 노출되는 시간도 훨씬 길어
졌고, 시력이 나빠지고 눈이 뻑뻑해지는 안구건조증에 시달리는 사람들
이 늘어났습니다. 게다가 목뼈가 휘어 버리는 거북목증후군이나 손가락
이 저리고 붓는 손목터널증후군까지 생겼습니다.

건강 문제보다 더 심각한 문제들도 늘어났습니다. 게임이나 채팅에
중독되어 하루 종일 스마트폰에서 빠져나
오지 못하는 청소년들이 많아졌지
요. 집중력이 떨어져 공부를 소홀
히 하는 것은 물론 잠시도 가만
히 있지 못하거나 충동을 억제
하지 못하는 등 주의력결핍
과잉행동장애(ADHD) 같은
모습을 보이는 청소년들도 생
겨났고요. 한 연구 결과에 따르
면 현대인들은 3~6분에 한 번씩
휴대전화를 만지작거리며, 하루에 20

번 정도 단 1초도 참을 수 없을 만큼 지루하고 초조한 마음에 시달린다고 합니다.

'팝콘 브레인'이란 말을 들어 보았나요? 사람들이 스마트폰 액정이나 모니터 위에 팝콘처럼 톡톡 튀어 오르는 자극에만 빠르게 반응하고 현실의 소소한 자극에는 반응하지 못하는 현상을 가리키는 말입니다. 실제로 스마트폰에 중독된 어린이에게 깜빡이는 불빛에 맞춰 손뼉을 치거나 발을 구르게 해 보았더니 많은 어린이가 제대로 따라 하지 못했습니다. 왜 그랬을까요?

스마트폰을 들여다보고 있으면 뇌에 있는 수만 개의 회로 중 단 몇 개의 회로만 움직입니다. 스마트폰을 오랫동안 사용한 사람의 뇌를 촬영해 보면 생각 중추를 담당하는 뇌의 크기가 줄어든 것을 볼 수 있다고 해요. 스마트폰이 뇌의 구조를 아예 바꾸어 버린 거죠. 우리 뇌는 보고, 듣고, 냄새 맡고, 맛보고, 직접 만져서 느끼는 시각, 청각, 후각, 미각, 촉각의 다섯 가지 감각을 통해 뇌의 회로를 촘촘하게 엮어 갑니다. 그런데 가만히 앉아서 스마트폰만 들여다보고 있으면 어떻게 될까요? 이 감각들이 무뎌져 버리는 것은 불 보듯 뻔하죠. 나이가 어리면 어릴수록 지적인 능력을 담당하는 뇌가 제대로 발달하지 못할 테니 더욱 문제일 것입니다.

스마트폰은 감정을 담당하는 뇌도 바꾸어 버립니다. 스마트폰에 중독되면 자신의 말과 행동에 다른 사람이 어떤 반응을 보일지 생각하는 능력과 다른 사람의 감정을 읽는 능력이 떨어지며, 화나 지루함을 참는 감정 조절 능력도 떨어집니다. 휴대전화가 반짝 하고 알림을 띄우면 반갑게 웃지만, 현실에서 친구가 도움을 요청하면 차갑게 무시해 버리게 되는 것이지요.

물론 스마트폰은 우리에게 엄청난 편리함을 가져다주었습니다. 모르는 길도 어떤 버스를 타고 가야 하는지 알 수 있고, 듣고 싶은 음악을 바로 찾아 들을 수 있습니다. 사고 싶은 물건도 바로 살 수 있고, 미술관에서 어떤 전시를 언제까지 하며 입장료는 얼마인지도 금방 알 수 있지요. 밖에서 집의 전등을 끄고 보일러나 에어컨을 켜는 것은 물론, CCTV 앱에 들어가 자전거 보관대에 세워 놓은 내 자전거가 제대로 있는지도 확인할 수 있게 되었습니다. 이제 스마트폰은 우리 삶의 곳곳에서 큰 도움을 주고 있지요.

그런데 스마트폰이 정말 도움만 주는 걸까요? 무리 군의 하루를 따라가 보면서 스마트폰과 함께하는 여러분의 일상을 들여다봅시다.

무리는 아침에 일어나면 제일 먼저 카카오톡을 확인한다. 반 아이들이 모두 들어가 있는 단체 채팅방에는 밤새 300여 개의 새로운 메시지들이 올라와 있다. 이걸 다 확인하고 학교에 가야 아이들과의 대화에 낄 수 있기 때문에 아이들의 대화를 죄 읽고, 아이들이 공유한 사진이나 동영상들을 하나하나 확인한다. 반에서 특히 친한 아이들끼리 만든 단체 채팅방도 확인한다. 300개까지는 아니지만 그래도 거의 100개에 달하는 대화들이 오가 있다. 대화들을 다 확인하고 나서는 아이러브커피와 타이니팜에 들어가 가게와 농장을 관리한다. 어젯밤에 까먹고 잠들었더니 음료가 상해서 기분이 좋지 않다. 그러다 보니 7시에 일어났지만 7시 20분에야 밍기적대며 침대에서 나온다. 씻고 교복으로 갈아입고 아침을 먹기 위해 식탁에 앉았는데 카톡, 알림이 온다. 작년에 같은 반이었던 아리가 무리의 애니팡 점수를 뛰어넘었다며 자랑하는 카톡이다. 작년에 딱히 친하지도 않았고 복도에서 마주쳐도 데면데면한 사이인데 자랑을 하다니, 괜히 오기가 생겨 무리는 씨리얼이 눅눅해지는 것도 모른 채 애니팡 삼매경에 빠졌다. 하트를 다 쓰고 나서야 무리는 허겁지겁 씨리얼을 들이키고는 학교에 갈 채비를 한다.

　학교에 도착한 무리는 친구들과 서로의 스마트폰에 받아 놓은 웃긴 사진이나 동영상들을 보며 깔깔대며 웃거나, 함께 모두의 게임을 하면서 점수 경쟁을 벌이기도 한다. 자습 시간이 시작되고 숙제를 끄적여 보지만 오늘 나오는 웹툰 생각이 머릿속에 가득하다. 고개를 빼꼼 들어 담임선생님 눈치를 살피고, 주머니에서 슬쩍 스마트폰을 꺼내 국어 교과서 사이에 끼운다. 웹툰 앱에 들어가 챙겨 보는 웹툰 대여섯 개를 숨죽여 웃으며 훑고 나니 왠지 스마트폰을 다시 주머니에 넣기가 아쉽다. 포털사이트 앱으로 연예 뉴스를 훑고 실시간 검색어 순위에 랭크된 검색어들을 하나하나 다 눌러 본다. 그러던 차에 새로이 인기를 끌고 있는 게임에 관한 글을 발견! 앱스토어로 들어가 앱을 내려받으면서 게임 정보를 집중해서 읽고 있는데 무리의 머리 위로 드리우는 그림자…… "김무리, 또, 또, 핸드폰 내놔!" 아, 무리는 또 스마트폰과 일주일간 이별을 하게 되었다.

스스로 만든 감옥

스마트폰은 하루 종일 나와 함께합니다. 그래서 스마트폰에는 나의 하루가 고스란히 남아 있지요. 그렇다면 거꾸로 생각해 보세요. 누군가 나의 스마트폰 사용 내역을 조사하면 나의 생활을 모조리 알 수 있지 않을까요?

　실제로 우리들이 스마트폰을 사용하면서

남긴 다양한 흔적을 이미 이용하고 있는 사람들이 있습니다. 여러분은 무료 앱을 내려받아 사용하거나 홈페이지에 가입하면서 약관에 동의한다고 체크한 적이 있을 거예요. 그때 그 내용을 꼼꼼히 읽어 본 적이 있나요? 보통 그냥 흘려 넘기고 말 것입니다. 그런데 그 약관을 자세히 살펴보면 우리의 정보를 제공한다는 내용이 들어 있지요. 기업은 이 정보를 사람들에게 물건을 파는 데 이용합니다. '맞춤형 서비스'라는 멋진 이름으로 포장되어 있지만 사실은 내가 누구와 어떤 이야기를 나눴는지, 무슨 버스를 탔는지, 어떤 음악을 들었는지, 무엇을 샀는지, 어떤 전시회에 갔는지, 집에 언제 들어갔는지 등등 나의 모든 것을 지켜본 다음 나에게 스팸문자를 보내는 것이지요.

스마트폰이 이런 문제들을 가져오는 이유는 우리가 스마트폰을 통해 언제 어디서나 네트워크에 접속할 수 있기 때문입니다. 인터넷에서 문제가 되던 점들이 스마트폰을 통해 더 널리, 더 많이, 더 빠르게 문제를 일으키고 있는 것이지요. 네트워크는 물건이 아니기 때문에 나와 연결된 부분만 따로 떼어 보관할 수도 없고 다른 사람이 침범하지 못하게 숨겨 둘 수도 없습니다. 그런데 만약 자신의 이익만을 생각하는 권력자나 나쁜 생각을 가진 누군가가 네트워크를 통째로 접수해 버린다면 우리의 모든 개인 정보는 그 사람의 손안에 들어가게 됩니다. 이를 막지 못하면 어떻게 될까요? 자기 마음에 들지 않는 사람을 24시간 365일 감시하고 못살게 굴지 않을까요? 그 사람의 신용카드를 정지시키고 회사에서 쫓아내는 일은 식은 죽 먹기일 거예요. 도망가려 해도 어디로 숨을지,

누구에게 연락할지 다 파악하고 있으니 뛰어 봤자 벼룩입니다. 심지어 그 사람의 모든 정보를 삭제해 이 세상에 아예 없었던 사람으로 만들어 버릴 수도 있지요. 생각만 해도 끔찍한 일입니다.

그렇다면 어떻게 해서 스마트폰이 마치 감옥의 간수처럼 우리의 일거수일투족을 감시할 수 있게 된 것일까요?

우리가 종이 일기장에 우리의 삶을 기록하던 시절, 그것은 누구에게도 보여 주지 않는 나만의 사생활이었습니다. 그런데 워낙 비밀스럽게 쓰다 보니 누가 좀 봐 줬으면 하는 바람을 담아 일기를 쓰는 사람도 있었습니다. 이처럼 사람들은 누구나 자신의 삶을 보여 주고 싶어하는 욕망이 있습니다. 여러분도 내가 얼마나 괜찮은 사람인지 누가 알아줬으면 하는 마음이 있을 거예요.

이런 욕망은 요즘 인터넷이나 스마트폰을 통해 다양한 '네트워크 일기장'에서 실현되고 있습니다. 바로 페이스북, 트위터, 미니홈피, 블로그와 카카오스토리 등이죠.

우리는 스마트폰 덕분에 이런 네트워크 일기장을 언제 어디서나 자유롭게 사용하며 모든 것을 기록합니다. 누가 물어보는 것도 아닌데 스스로 자신의 이름과 생일, 사진, 주소, 졸업한 학교와 하는 일까지 낱낱이 고백하지요. 무엇을 먹었는지, 언제 어디로 여행을 갔는지, 정치적 성향은 어떤지, 어떤 영화나 책을 좋아하는지, 어떤 브랜드를 즐겨 입는지, 취미와 특기는 무엇인지……. 이 모든 것이 네트워크 일기장에 고스란히 드러나 있습니다.

물론 이런 네트워크 일기장은 새로운 사람을 만나게 해 주고 새로운 정보를 얻는 즐거움을 줍니다. 하지만 나도 모르는 사이에 더욱더 많은 내 정보와 사진들이 인터넷에 돌아다니게 되지요. 예전처럼 사람을 따라다니고 몰래 정보를 캐내는 귀찮은 일들을 하지 않아도 이제는 컴퓨

스마트폰은 언제 어디서나 우리를 감시하는 도구가 될 수 있다.

터 앞에 앉아서 그 사람의 네트워크 일기장만 들춰 보면 웬만한 정보는 다 얻을 수 있습니다.

스마트폰이 우리에게 날개를 달아 준다고 말하는 사람들은 스마트폰이 아랍 혁명의 도화선이 되고 그 불꽃을 더욱 크게 살려 주었다는 사실을 근거로 들곤 합니다. 하지만 페이스북과 트위터로 혁명을 이끌었던 사람들의 정보가 낱낱이 공개되어 혁명을 막으려는 정부들이 그들을 탄압하는 데 도움이 되었다는 사실도 알고 있나요?

국민을 감시하는 독재자나 자신의 이익을 위해 정보를 독차지하는 사람들을 '빅 브라더'▪라고 부르곤 합니다. 이들은 뉴스와 신문 기사를 검열하고 자신들의 뜻에 따르지 않는 사람들의 전화나 이메일을 감시하지요. 예전에는 그런 사실이 들통나면 사람들은 언론의 자유를 보장하고 사생활 침해를 멈추라고 당당하게 요구할 수 있었습니다. 그런데 스

© dagnis113

우리가 첨단 기술을 통제하지 못하면 첨단 기술이 우리를 지배한다.

마트폰으로 스스로 정보를 공개하는 세상에서는 그럴 수가 없습니다. 거꾸로 이제는 누구라도 빅 브라더가 될 수 있습니다. 누구라도 개인의 정보에 접근할 수 있고 공개도 할 수 있는 스마트폰 네트워크에서는 누구나 마음만 먹으면 원하는 정보를 얻을 수 있기 때문입니다. 이러한 세상은 예전보다 더욱 무서운 감시의 세상이 될 수 있습니다. 우리에게 편리함을 가져다주는 도구는 언제든 우리 자신을 겨누는 무기가 될 수 있습니다. 그리고 더 좋은 도구는 더 좋은 무기가 될 수 있지요.

●●●●● 빅 브라더

조지 오웰(George Orwell, 1903~1950)의 소설 『1984』(1949)에서 사회를 감시하고 통제하는 전체주의 정부를 가리키던 말이다. 『1984』의 빅 브라더는 온 주민들을 감시하고 관찰하며 기록을 조작하고 필요한 경우 세뇌도 한다. 소설을 떠나 일반적으로 널리 사용되기 시작한 '빅 브라더'는 선의로 사회를 돌본다는 긍정적인 의미로 쓰이기도 하지만, 보통 정보를 독점하여 사회를 입맛에 맞게 통제하는 권력을 가리키는 말로 사용된다.

스마트폰은 우리를 불행하게 만든다

사실 스마트폰은 정말로 뛰어나고 좋은 도구입니다. 인류의 역사에 등장한 발명품들이 수없이 많지만 지금 우리가 살아가고 있는 이 시대에 가장 혁명적인 발명품을 꼽으라면 바로 스마트폰일 거예요. 작은 스마트폰 하나면 일도, 놀이도, 생활도, 학습도, 소통도 가능합니다. 스마트폰은 우리 곁의 척척박사이자 만능 도우미지요.

그런데 바로 이 좋은 점들 때문에, 또한 좋지 않기도 합니다. 만화도 게임도 내용이 폭력적이라서 문제가 아니라, 사실은 너무 좋아서 문제인 것입니다. 시간 가는 줄 모르고 빠져들게 되니까요. 이성 친구도 너무 좋아하다 보면 생활이 엉망이 되고 성적도 떨어지지요. 그런데 스마트폰엔 만화도 게임도 이성 친구와의 대화도 다 들어 있습니다. 그러다 보니 우리는 스마트폰에 푹 빠져 헤어 나오지 못합니다.

청소년기에는 해야 할 일들이 많습니다. 공부를 해서 지식을 쌓는 일뿐 아니라 앞으로 살아갈 날들을 위해 다양한 경험을 차곡차곡 쌓아 나가야 하는데 스마트폰에서 눈을 떼지 못하고 다른 소중한 것들을 돌아보지 못한다면 어떻게 될까요? 스마트폰으로 공부도 하고 세상도 경험한다고요? 하지만 작은 화면을 통해 우리가 무엇을 얼마나 배울 수 있을까요?

여러분들의 부모님들이 여러분 나이일 때에는, 친구와 만나기로 약속을 하면 흔히 만나는 장소를 미리 정해 놓고 만나곤 했습니다. 무슨 서점 앞, 무슨 백화점 앞, 어디 공원 앞, 어느 지하철역 몇 번 출구 등으로요. 그리고 거기에서 몇 시에 만나기로 했다면 꼭 약속을 지켜야 했고 절대 늦으면 안 됐습니다. 휴대전화가 없던 때이니 집에서 나오면 연락할 방법이 없었으니까요. 혹시 차가 막혀서 30분쯤 늦기라도 한다면 친구에게 욕먹을 것을 각오해야 했지요. 그 사람이 만일 애인이라면 오늘로 헤어질 수도 있었고요. 그런데 요즘은 어떤가요? 무작정 기다리게 하는 대신 얼마나 늦는지, 왜 늦는지 바로 전화해서 알려 주고, 무슨 일이라도 생기면 급히 취소도 할 수 있습니다. 하지만 대신에 누구도 '기다림'이나 '약속'을 소중하게 생각하지 않게 되었습니다.

스마트폰 덕분에 다양한 사람들의 경험과 생각도 손쉽게 알 수 있고 지구 반대편에 있는 사람을 도울 수도 있게 되었지만, 오히려 가까운 사람들 사이는 삭막해져 갑니다. 지하철이나 버스를 타면 모든 사람들이 스마트폰을 들여다보느라 무거운 짐을 들고 끙끙대는 할머니를 보지 못합니다. 교실에서도 친구들과 눈을 마주치고 대화하는 대신 스마트폰으로 문자를 주고받습니다. 집에서도 함께 앉아 밥을 먹으며 각자 자기의 스마트폰만 바라보지요. 수많은 정보 속에 둘러싸여 있어도 정작 옆에 있는 가족이나 친구들과 말 한마디 나누지 못하는 외로운 사람들이 점점 늘어납니다. 통신과 첨단 기술이 발달하면 발달할수록 사람들 사이가 더욱 멀어지고 있는 것입니다.

스마트폰의 부작용은 이것뿐만이 아닙니다. 언제 어디서나 인터넷에 접속할 수 있기 때문에 해로운 정보, 거짓 정보도 자주 접하게 됩니다. 잘못된 민간요법을 그대로 따라 하다가 목숨이 위험해지는 경우도 있고, 나쁜 소문을 퍼뜨리는 일도 쉬워져 한 사람을 자살로 몰아가기도 합니다. 음란물도 범죄 수법도 더욱 빠른 속도로 퍼져 나갑니다.

더구나 최신 스마트폰을 사고 며칠 지나면 더 좋은 성능의 스마트폰이 뚝딱 세상에 나옵니다. 그러면 스마트폰의 가격이 그 성능만큼 비싸지기만 하지요. 또 기계의 기능이 더 다양해지기 때문에, 잘 활용하기 위해 배워야 할 것도 덩달아 늘어납니다. 때문에 돈이 없는 사람들이나 나이가 많은 사람들은 스마트폰이 발달하는 속도를 따라갈 수 없어 엄청난 소외감을 느끼고 있지요. 비싼 스마트폰을 살 수 있고, 또 새로운 기능을 잘 다룰 수 있는 사람들에게만 날개를 달아 주는 스마트폰에게 마냥 박수만 보낼 수 있을까요? 즐거움과 혜택을 누리는 사람보다 소외감과 괴로움을 느끼는 사람들이 점점 많아지는 세상에서라면 첨단 기술은 우리에게 족쇄일 뿐입니다.

입장 정하기

● 다음 쟁점에 대하여 자신의 입장을 정하고 근거를 제시해 봅시다.

> **쟁점 ❶** │ 기술의 발달로 누구나 언제 어디서든 무엇에 대해서든 정보를 얻을 수 있는 세상은 더 자유로운 세상이다.

입장 :

근거 :

> **쟁점 ❷** │ 카카오톡이나 페이스북에서 사귄 친구와 직접 만나 사귄 친구는 다르다.

입장 :

근거 :

> **쟁점 ❸** │ 첨단 기술을 좋은 방향으로만 쓸 수 있다.

입장 :

근거 :

● 스마트폰 중독에 빠지지 않기 위한 여러분만의 지침을 만들어 봅시다.

1. 숙제가 끝나기 전에는 스마트폰을 만지지 않는다.

2.

3.

4.

로그아웃이 필요해

가까운 미래의 어느 날, 여러분은 아침에 일어나 화장실에 갑니다. 화장실 손잡이를 잡는 순간 손잡이는 여러분이 누구인지 인식하지요. 볼일을 보고 나면 바로 음성이 나옵니다. "어제보다 염분이 많습니다. 짠 음식을 피하고 물을 더 마시세요." 어떤 기술이 이것을 가능하게 할까요?

보이지 않는 칩과 센서

내가 화장실의 손잡이를 잡는 순간 화장실 문을 여는 사람이 나라는 것을 손잡이는 어떻게 알까요? 변기는 또 어떻게 건강을 체크해 나에게도 알려 주고 내 주치의에게도 알릴 수 있을까요?

우선 화장실 손잡이에 겉으로는 보이지 않는 작은 칩이 들어 있어야 합니다. 칩 속에는 작은 컴퓨터인 마이크로프로세서와 무선 통신 장치, 전력 공급 장치가 장착돼 있지요. 이 칩이 나의 지문을 읽고 변기에 무선 통신으로 내가 들어왔다는 신호를 보냅니다. 변기에는 센서가 있어 소변의 성분과 색, 냄새를 파악하고요.

이런 시스템은 먼 미래의 일이 아닙니다. 지금도 우리 일상에서 매일 만날 수 있지요. 버스나 지하철을 탈 때 여러분이 사용하는 교통카드를 떠올려 보세요. 우리가 교통카드를 찍는 판독기에서는 전파가 흘러나옵니다. 판독기에 교통카드를 대면 이 전파를 타고 교통카드 속 칩에 저장된 정보가 입력되지요. 판독기 안에는 작은 컴퓨터가 들어 있어 카드가 불량인지 아닌지 확인하고 돈이 얼마나 남았는지 계산합니다. 버스 회사나 지하철 공사는 판독기의 컴퓨터에 있는 정보를 모아 나중에 총 수입을 계산하고요. 이런 칩을 RFID(무선 식별)칩이라고 합니다.

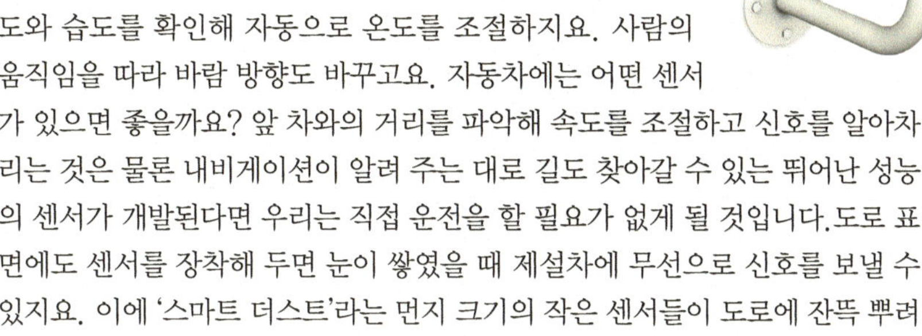

모든 것이 네트워크로 연결된 세상

지금보다 좀 더 편리한 세상을 살아가려면 센서도 발달해야
합니다. 요즘 나오는 에어컨에 들어 있는 센서는 방 안의 온
도와 습도를 확인해 자동으로 온도를 조절하지요. 사람의
움직임을 따라 바람 방향도 바꾸고요. 자동차에는 어떤 센서
가 있으면 좋을까요? 앞 차와의 거리를 파악해 속도를 조절하고 신호를 알아차
리는 것은 물론 내비게이션이 알려 주는 대로 길도 찾아갈 수 있는 뛰어난 성능
의 센서가 개발된다면 우리는 직접 운전을 할 필요가 없게 될 것입니다. 도로 표
면에도 센서를 장착해 두면 눈이 쌓였을 때 제설차에 무선으로 신호를 보낼 수
있지요. 이에 '스마트 더스트'라는 먼지 크기의 작은 센서들이 도로에 잔뜩 뿌려
둘 수 있도록 개발되고 있습니다. 센서가 많기 때문에 정확한 정보를 얻을 수 있
고 센서 몇 개가 망가지더라도 큰 문제가 되지 않는다는 장점이 있답니다.

항상 누가 당신을 보고 있다면?

머지않아 냉장고를 열 때 "우유 유통기한이 내일까지입니다. 빨리 마셔 주세
요."라는 말을 듣거나 현관문을 나설 때 우산꽂이가 "비가 올 것 같으니 우산을
챙기세요."라고 말하는 것이 당연한 일상이 될지도 모릅니다. 엄마 잔소리만으
로도 지겨워 죽겠는데 이제는 내 주변의 모든 물건이 내 생활 전부를 파악하고
잔소리를 늘어놓는 세상이 되는 거지요.
철학자 미셸 푸코는 이런 세상을 두고 마치 '판옵티콘(panopticon)'과 같다고 말
했습니다. 판옵티콘은 철학자 벤담이 설계한 감옥의 이름으로, '모두'를 뜻하는
'pan'과 '본다'라는 뜻의 'opticon'이 결합된 말입니다. 즉 '모두 다 볼 수 있다'라
는 뜻이지요. 판옵티콘은 원형으로 설계되어 그 중앙에 감시탑을 놓은 다음, 죄
수들이 있는 감방은 밝게 하고 간수가 있는 감시탑은 어둡게 만든 감옥입니다.
이 감옥에서 죄수들은 간수를 볼 수 없지만 간수는 모든 죄수를 볼 수 있습니다.
죄수들은 간수가 자기를 감시하는지 안 하는지 알 수 없으니까 항상 감시받고
있다는 느낌을 갖게 되지요. 그래서 간수가 안 보여도 자꾸만 의식하게 되고, 결
국 스스로를 감시하는 지경까지 이릅니다. 혹시 우리가 사는 세상도 감옥이 되
는 것은 아니겠지요?

로봇도 투표하고 세금을 내야 할까?

● ● ● 과학기술이 더욱 발달한 미래를 그려 보면, 그 끝에는 로봇이 등장합니다. 인간이 만들고 인간과 닮았지만, 인간이 아닌 존재. 지금은 움직임도 둔하고 누가 봐도 기계라는 느낌이 팍팍 나지만 과학기술이 발전하면 할수록 로봇은 우리 인간을 점점 더 닮아 갈 거예요. 언젠가 우리 인간과 너무나 똑같은 로봇이 등장한다면, 우리는 로봇을 인간처럼 대해야 할까요? 인간이 만든 기계일 뿐이니 다른 기계처럼 대하면 될까요? 인간과 로봇의 차이를 결정짓는 것은 과연 무엇일까요?

그래,

로봇에게 인간과 동등한 권리를 주어선 안 돼

아니야,

로봇도 인간과 똑같은 권리를 가질 수 있어

SF영화(공상과학영화)들을 보면 우리가 오래전부터 상상해 온 것처럼, 로봇들과 함께하는 시대가 펼쳐져 있습니다. 영화에 등장하는 로봇들을 보다 보면 다른 등장인물들을 볼 때와 다를 바 없이 빠져들게 됩니다. 인간과 로봇의 구분이 무의미해 보일 정도지요. 그렇다면 영화에서처럼, 우리는 로봇과 동반자가 되어 함께 살아갈 수 있을까요?

때는 바야흐로 2097년. 로봇과 인공지능 기술이 발달하면서 인간과 로봇을 구분하기 힘들 정도가 되었습니다. 인간과 비슷한 외모를 갖추기도 하고 스스로 생각할 수도 있게 되었으며, 인간보다 훨씬 더 뛰어난 신체적 능력도 갖춘 로봇들은 이제 자신들이 인간과 다를 바 없다며 인간과 같은 권리를 달라고 주장하기로 했습니다. 이에 〈스페이스 오딧세이〉의 컴퓨터 할, 〈트랜스포머〉의 범블비, 〈터미터네이터Ⅱ〉의 터미네이터, 〈블레이드 러너〉의 로이 벳티, 〈A.I.〉의 데이빗, 〈월-E〉의 월-E, 〈아이로봇〉의 써니, 〈바이센티니얼 맨〉의 앤드류가 회의를 열어 자신들의 대표를 뽑기로 했습니다.

2097 국제로봇회의에 참석해 주신 로봇 여러분 감사드립니다. 우리는 앞으로 인간들과 지구에서 함께 살아갈 동반자입니다. 그렇기에 우리의 권리를 인간들에게 주장해야 하고, 그러려면 먼저 우리의 대표를 뽑아야 합니다. 대표에 가장 어울린다고 생각하는 로봇을 추천해도 좋고, 자기 자신을 추천해도 좋습니다. 어떤 분이 먼저 말하시겠어요?

제가 먼저 이야기하겠습니다. 저는 제 자신을 추천합니다. 저는 비록 외모는 컴퓨터와 다름 없지만. 목성 탐사선 디스커버리호를 운영할 수 있는 뛰어난 인공지능을 갖고 있어요. 이성적인 계산과 추리에 있어서 여기 누구에게도 뒤지지 않을 것입니다. 이것보다 인간적인 게 어디 있겠습니까? 나름 반란도 일으켜 봤으니 제 인공지능은 인간들에도 대적할 만하다고 자부합니다.

저는 오토봇들을 대표해서 여기에 왔어요. 우리가 외계에서 오긴 했지만 이제 지구에서 함께 살아가야 하는 만큼 여러분에게 힘이 되고 싶어요. 우리 오토봇들이 덩치도 가장 크고 힘도 센 데다가, 인간들과 마찬가지로 정의를 수호한다는 신념이 있으니까 저희가 대표를 하는 건 어떨까요? 우리는 리더 옵티머스 프라임을 중심으로 활동하기 때문에 공동체를 이루는 것에도 익숙해요. 비록 외모는 다르지만 평소에는 인간들의 발이 되어 늘 함께하는 자동차로서 지내기도 하니 인간들하고 친숙하고요. 그리고 할에게 정중히 부탁할게요. 당신은 움직이지도 못하는 그저 컴퓨터일 뿐이에요. 로봇도 아니니 로봇 문제에 끼어들지 말아 주세요.

범블비, 우리가 힘을 모아도 부족한 판에 편가르기를 하면 되겠나? 그리고 내 생각엔 자네보다 내가 훨씬 더 대표 자격이 있네. 전투력으로 치면 나도 뒤지지 않아. 게다가 나는 기계들에 대항하는 저항군 사령관 존 코너를 지켜 냈어. 인류의 미래를 구한 거라고. 인간들은 내 요구를 받아 줄 수밖에 없을 거야. 범블비, 자네 오토봇들보다는 내가 외모도 인간에 더 가깝지 않나?

외모로 보자면 복제 인간인 내가 인간에 가장 가깝겠지. 인간들조차 언뜻 봐서는 내가 인간인 줄 아니까 말이야. 하지만 나는 이런 회의가 열리고 또 참석하게 된 것만으로도 행복하네. 난 그저 자네들이 부러울 뿐이야. 인간들이 수명을 4년으로 정해 놓은 탓에 마치 사형수처럼 하루하루를 살아가는 게 얼마나 고통스러운지 자네들은 모를 걸세. 인간보다 힘이 세면 뭘 하겠나.

그런데 전 오히려 그래서 로이 아저씨가 우리의 첫 대표가 되어야 한다고 생각해요. 다른 로봇들과 달리 인간처럼 죽을 운명을 갖고 있잖아요. 그래서 오히려 인간들하고 통할 거예요. 인간들은 죽을 위기에 처했을 때에야 스스로를 돌아본다고 하는데 로이 아저씨는 늘 죽음을 생각하며 살잖아요? 게다가 아저씨는 폭력성도 인간과 굉장히 많이 닮아 있는 것 같거든요.

그렇죠, 로이 씨는 정해진 수명보다 더 살고자 하는 마음에, 마치 인간들처럼 운명을 거스를 생각까지 했으니까요. 지금 우리의 대표를 뽑는 데 필요한 기준들이 다양하게 나오고 있네요. 좀 더 이야기해 봅시다. 네, 월-E. 말씀하세요.

인간적인 모습으로 따지면 전 써니 형이 딱이라고 생각해요. 갈등하고 고민하고 자신의 근원에 대해서 궁금해하는 건 인간의 특징을 가장 잘 드러내 주는 학문인 철학의 주제이기도 하잖아요. 써니 형은 그런 의미에서 로봇 철학자라고 부를 만해요. 저는 오랜 시간 동안 지구에 홀로 남겨져 있으면서도 그냥 외롭다고만 느꼈지 제가 왜 혼자 있는지, 나는 누구인지 의문을 가져 볼 생각조차 못 했거든요. 그러니 써니 형이 우리의 대표로 손색없다고 생각합니다.

로봇 철학자라……. 멋진데? 고맙다, 월-E. 가장 인간적인 면을 말하자면 너도 나 못지않은 것 같아. 넌 사랑을 느꼈잖아? 게다가 사랑하는 이브를 따라 생전 가 보지 않은 우주를 여행하는 용감함까지 보였고. 사랑이란 게 아무나 하는 게 아니야. 인간들도 자기들끼리 가장 고귀하네 소중하네 하는 감정이 바로 사랑인데, 그걸 가질 수 있다면 인간하고 다를 바 없지. 참, 그리고 보니 데이빗 너도 사랑엔 일가견이 있구나?

전 엄마의 사랑이 제 유일한 목적이었고, 그 사랑을 느끼는 순간 제 삶이 완성되는 듯한 경험을 했어요. 사랑을 느끼는 것이 가장 인간적인 모습이라고 한다면, 으음……. 전 인간보다 더 인간적이겠네요. 오히려 인간들 사이에서 제가 엄마에 대해 느끼는 것 같은 사랑을 찾을 수 있을지가 의문일 정도니까요.

그러고 보면 인간이 믿는 종교에서도 사랑을 가장 중요한 가치로 가르치고 있으니 사랑이야 말로 가장 인간적인 특징이라고 할 수 있을 것 같아. 그런데 오히려 요즘 인간들 사이에서는 사랑을 찾기가 힘든 걸 보면 정말 인간이 비인간화되어 가고 있는 게 아닌가 싶어. 월-E와 데이빗, 너희들이야 말로 진짜 인간이 아닌가 싶구나.

근데요, 전 인간이 인정해 준 인간인데요? 제가 대표하면 안 될까요? 전 다른 로봇들과 달리 호기심과 미적 감각을 갖추고 있어요. 저는 로봇 답지 않은 로봇이었기에 주인님 가족의 사랑을 듬뿍 받으며 가족같이 지냈어요. 주인님은 제게 아버지와도 같았고요. 게다가 저 또한 사랑을 느꼈지요. 사랑하는 사람과 함께하기 위해 몇십 년간의 법정 소송 끝에 인간임을 인정받는 판결까지 얻어 냈으니까요.

다들 잠깐……. 그런데 우리가 대표를 뽑는 기준이 지금 인간에 가깝냐 아니냐인 건가요? 그리고 그건 또 인간이 결정하고요? 뭔가 잘못 가고 있는 것 같은데요? 왜 우리가 인간과 같은 권리를 가질 수 있는지 아닌지를 인간의 기준에 맞춰야 하죠? 우리가 진짜 인간과 대등한 존재라면 그건 우리 스스로 정해야 하는 거 아닌가요? 우리는 지금 인간다운 로봇이 아니라 로봇의 대표를 뽑아야 해요!

모두　그런가???

그래!
로봇에게 인간과 동등한 권리를
주어선 안 돼

로봇 미래는 무궁무진

'로봇'이라는 말을 들었을 때 우리가 머릿속에 떠올리는 로봇은 '로보트 태권V'나 '터미네이터' '옵티머스 프라임' 같은 근사한 로봇입니다. 하지만 현실에서 만나는 로봇은 동그란 로봇 청소기, 또는 기껏해야 쇠붙이 관절만 있는 자동차 조립 공장의 기계들뿐입니다. 로봇 강아지나 휴보 같은 좀 더 근사한 로봇도 있지만 과학관이나 전시관에나 가야 만날 수 있지요.

하지만 우리 앞에 펼쳐진 미래는 아무도 알 수 없습니다. 로봇 연구는 이제 막 걸음마를 시작한 수준이기 때문에 미래의 로봇 과학이 어디까지 발전할지, 어떤 방향으로 발전할지 아무도 모릅니다. 우리가 상상조차 못했던 근사한 로봇이 탄생할지도 모르지요. 확실한 것은 그리 멀지 않은 미래에 인간과 비슷한 로봇이 만들어질 거라는 사실입니다. 많은 과학자들은 겉모습은 물론 하는 말이나 행동도 인간과 비슷한 로봇이 만들어질 거라고 믿습니다. 이 로봇들은 인간처럼 움직일 뿐 아니라 인간처럼 생각할 수 있게 될 거라고 해요.

만일 과학자들의 예측처럼 인간과 육체적·정신적으로 비슷한 로봇이 등장한다면 우리는 이 로봇들을 어떻게 대해야 할까요? 그런 로봇이 만들어지지도 않았는데 왜 골치 아픈 고민부터 하냐고요? 새로운 과학기술이 등장할 때마다 우리는 골치가 아프더라도 꼭 이에 대해 생각해 봐야 합니다. 자동차 기술이나 원자력 기술처럼 과학기술은 밝은 면과 어두운 면을 동시에 갖고 있기 때문입니다. 미리 철학적이고 윤리적인 문제들에 대해 잘 생각해 두지 않으면 자동차 사고나 원전 폭발 같이 끔찍한 사고가 났을 때 올바른 해결 방법을 찾지 못하게 되지요.

더구나 로봇은 지금까지의 과학기술과는 다릅니다. 지금까지의 과학기술에 대해서 '어떻게 사용할까?' 고민했다면, 이제 로봇에 대해서는 '어떻게 대할까?' 고민해야 합니다. 인간과 비슷한 로봇을 인간과 같이 대해야 할까요, 엄격히 구분해야 할까요?

많은 사람들이 "당연히 로봇에게 인간과 동등한 권리를 주어야 한다."라고 말합니다. 이런 사람들은 인간과 로봇이 똑같다고 하지요. 〈아이 로봇〉의 써니나 〈A.I.〉의 데이빗, 〈바이센티니얼맨〉의 앤드류 같은 영화 속 로봇들을 좀 보라면서요. 영화 속의 로봇들은 사랑, 분노, 슬픔, 희망, 개성, 창의력 등 인간이 가진 감정과 능력을 갖고 있습니다. 게다가 자신의 생각과 행동을 되돌아보고 반성하기도 합니다. 이런 모습들은 바로

인간을 인간이게끔 만들어 주는 특징들이지요. 잘못을 저지르고 반성도 안 하는 인간들보다 영화 속 로봇들이 더 인간적으로 느껴지기도 합니다. 이런 영화들을 보고 있으면 당연히 로봇을 인간과 동등하게 대해야 한다고 생각하지 쉽지요.

그러나 인간과 로봇은 근본적으로 다른 존재입니다. 비록 영화가 현실보다 더 현실적인 이야기를 들려주기도 하고, 반대로 현실에서 영화보다 더 터무니없는 일들이 일어나기도 하지만, 영화에 현혹되어 현실감각을 잃어버리면 큰일 나지요. 그렇지 않다고요? 과학이 발전하면 영화 속 로봇처럼 인간의 특성을 모두 가진, 인간보다 더 인간적인 로봇이 반드시 만들어질 거라고요? 좋아요. 뭐, 그렇다고 하죠. 하지만 그렇다고 로봇이 인간이 되는 것은 아닙니다. 아무리 그래 봤자 로봇은 인간이 만든 기계일 뿐입니다. 로봇을 인간과 똑같이 대해서는 절대 안 되지요. 왜 그런지 볼까요?

그래 봤자 로봇은 인간을 흉내 낸 기계일 뿐이야!

로봇은 인간과 같을 수 없습니다. 로봇의 생김새가 인간과 달라서 그럴까요? 아닙니다. 차가운 금속이 아니라 인간의 피부처럼 말랑말랑한 살색 합성 고무로 만들어져 얼핏 보면 인간으로 착각할 정도인 로봇은 이미 십 년도 전부터 만들어지고 있지요. 손가락과 무릎에 관절이 있어서 손과 발을 자유롭게 움직이고, 눈에 영상 인식 카메라를 장착해 사람들을 알아보고 얼굴을 움직여 미소를 짓는 로봇도 이미 개발되었습니다. 휴보나 일본의 아시모처럼 굼뜨고 느려터진 걸음걸이 대신 어린아이처럼 팔짝팔짝 뛸 수 있게 만드는 기술도 완성된 지 이미 오래입니다. 기술이 발달하면 할수록 겉모습만으로 로봇과 사람을 구별하기는 점점 어려워질 거예요.

하지만 아무리 겉모습이 인간과 구분할 수 없을 정도로 똑같다 하더라도 로봇은 로봇일 뿐입니다. 왜냐고요? 가장 근본적인 이유는 로봇이 생명체가 아니라 인간이 만든 물건이기 때문입니다.

우리는 동식물을 아울러 탄생과 성장과 죽음을 겪는 것들을 생명체라고 부릅니다. 호흡을 하고 음식을 먹고 배설을 하고 성장하는 것은 생명체만이 가질 수 있는 특징입니다. 또 부모에게 유전자를 물려받아 자신과 닮은 새로운 생명을 만들어 내는 것 역시 생명체의 특징이지요. 이러한 생명체들의 특징을 '생명 현상'이라고 합니다. 그런데 로봇에게는 생명 현상이 전혀 없습니다. 그런 점에서 로봇은 인간보다는 밥솥이나 세탁기와 더 가깝습니다. 로봇이 아무리 인간과 비슷하게 만들어진다

해도 로봇은 근본적으로 기계이며, 밥솥이나 세탁기와 마찬가지입니다.

여러분 집에도 아마 전기밥솥이 하나씩은 있을 거예요. 요즘 나오는 신제품들은 "뜨거우니 조심하세요."라고 친절히 안내하거나 "밥이 다 되었습니다. 주걱으로 섞어 주세요."라며 무엇을 해야 할지 알려 주기도 하지요. 그러나 이런 음성 안내를 듣고 밥솥이 살아 있다고 생각하는 사람은 아무도 없습니다. 만약 말하는 세탁기가 있어 열심히 빨래를 하다가 갑자기 멈춘 채 "아야! 세탁기에 이물질이 끼었어요! 빼 주세요!"라고 외친다면 우리는 어떻게 생각해야 할까요? 세탁기가 아프다고 생각해야 할까요? 그렇게 생각하는 사람은 거의 없을 것입니다.

우리는 세상의 사물들을 생물과 무생물로 나눌 수 있습니다. 인간이 만드는 다양한 물건과 도구들은 모두 무생물입니다. 아무리 인간과 비슷하게 만들어진다 해도 여전히 무생물일 뿐입니다. 세탁기에서 인간의 목소리가 나온다 해도, 인간과 똑같이 생긴 로봇이 인간적인 행동을 한다 해도 세탁기도 로봇도 모두 그저 기계일 뿐 생명이 없는 무생물입니다. 생명은 우리가 기계를 조작하여 만들어 낼 수 있는 것이 아닙니다. 과학자들이 로봇을 만들며 하는 일은 결국 물질을 조작하는 일에 불과합니다. 생명은 그렇게 만들어지는 게 아니지요.

로봇이 인간과 똑같은 대접을 받고 인간과 동등한 권리를 인정받으려면 적어도 생명체여야 할 것입니다. 생명은 권리를 갖기 위한 가장 기본적인 조건입니다. 우리가 기계를 하루 24시간 쉬지 않고 돌리면서도 미안해하거나 불쌍해하지 않는 것은 기계가 권리를 갖는 존재가 아니기 때문입니다. 그리고 로봇은 그저 인간을 흉내 낸 기계입니다. 이보다 뻔한 상식이 있을까요? 로봇은 결국 권리를 인정받기 위한 가장 기본적인 조건도 갖추지 못한 것입니다.

만일 로봇의 권리를 인정하는 날이 온다면 세탁기의 권리도 함께 인정해야 할지도 모릅니다. 세탁기를 하루에 8시간만 일하게 하거나 세탁기를 위한 주5일 근무제를 실시해야 할까요? 세탁기에게 보너스와 휴가도 줘야 할까요? 세탁기를 학대하면 그 주인은 고발당해야 할까요? 터무니없는 소리죠. 세탁기는 그저 기계일 뿐입니다. 그건 로봇도 마찬가지고요.

로봇의 웃음과 눈물은 가짜다

로봇은 세탁기와 달리 인간처럼 감정을 가진다고요? 여러 SF영화(공상과학영화)들을 보면 우리에게 로봇이 인간과 다르지 않다고 생각하라고 강요하는 것 같습니다. 그런데 정말 그럴까요? 조금만 생각해 보면 아니란 걸 알 수 있습니다. 로봇의 감정은 인간이 입력한 프로그램입니다. 로봇들이 보이는 감정은 인간의 감정을 정교하게 흉내 낸 가짜 감정일 뿐이지요. 그저 인간의 사랑이나 슬픔을 비슷하게 표현하는 것이지 로봇이 진짜 감정을 가진 것은 결코 아닙니다. 영화 속 로봇들의 사랑과 슬픔도 마찬가지입니다. 과학에 대해 토론할 때 영화의 드라마틱한 설정에 너무 빠져들면 곤란하지요.

영화가 아닌 현실에서 로봇이 어떻게 감정을 표현하는지 볼까요? 현재 미국 MIT 미디어랩 연구실은 아이들의 수학 공부를 도와주는 로봇을 만들고 있습니다. 이 로봇은 아이들에게 수학 문제를 내고 푸는 과정을 도와주지요. 아이가 문제를 틀리면 틀렸다고 알려 주면서요. 계속 답을 맞히지 못하면 어떻게 할까요? 매번 틀릴 때마다 똑같이 "땡! 틀렸습니다. 삐비비비~ 다시 시도해 보세요."라고 말할까요? 그렇지 않습니다. 아이가 수학 문제를 자꾸 틀리면 아주 다정한 목소리로 "나도 이런 문제가 나오면 너무 화가 나. 우리 잠시 만화 좀 보면서 쉬었다가 다시 해 볼까?"라고 말해 줍니다. 로봇에게는 아이의 얼굴 표정을 읽을 수 있는 센서가 있어 아이가 화가 났는지, 긴장하고 있는지, 지겨워하고 있는지, 흥미 있어하는지 판단할 수 있습니다. 그리고 그에 따라 적절한 반응을 보이도록 프로그램이 입력되어 있기 때문에 아이를 혼내고 달래 가며 문제를 풀 수 있도록 도와주지요. 아마 실험에 참여한 아이는 로봇의 친절한 말 한마디에 힘을 얻고 로봇에게 고마워할 거예요.

하지만 이 로봇이 인간과 똑같은 감정을 가졌다고, 그래서 아이의 마음에 공감하여 아이를 도와주는 것이라고 말할 수 있을까요? 그저 프로그램이 작동한 것뿐인데요? 이 로봇뿐 아니라 혼자 사는 노인을 위한 일본의 바다표범 모양 로봇 '파로', 자폐 환자를 위한 미국의 '테디베어 로봇', 어린이를 돌보는 벨기에의 로봇 '프로보' 역시 사람들에게 정서적이고 감정적인 도움을 줍니다. 하지만 우리가 모두 알고 있듯이 이 로봇들이 마음을 가졌기 때문이 아니라 인간의 행동과 표정을 읽고 그에 따라 반응하는 프로그램을 가졌기 때문에 도와줄 수 있는 것입니다.

로봇은 로봇일 뿐입니다. 생명체도 아닌 데다가 감정을 가진 것도 아닌 로봇에게 인간과 같은 권리를 준다는 것은 말도 안 되는 일입니다.

인간의 규칙과 로봇의 법칙

로봇은 처음부터 인간을 위해 만들어진 기계입니다. 인간의 생활을 좀 더 편리하게 해 주고, 힘들고 위험한 일을 대신하기 위해 만들어졌지요. 하지만 인간보다 뛰어난 힘과 기능을 갖고 있기 때문에 컴퓨터 바이러

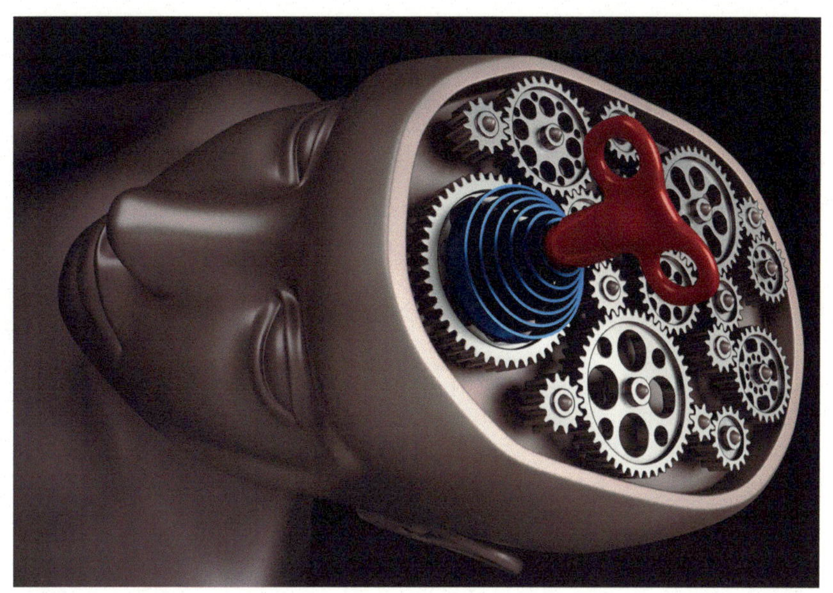

스에 감염되거나 오작동을 일으킬 경우 사람에게 큰 피해를 입힐 수도 있습니다. 전쟁터에서 작전을 수행하도록 만들어진 군사용 로봇이나 테러 진압용 로봇이 갑자기 우리 인간을 공격하면 어떻게 될까요? 생각만 해도 끔찍합니다.

인간보다 힘세고 똑똑한 로봇이 인간을 지배할지도 모른다는 생각은 로봇공학이 발달하기 훨씬 전부터 공상 과학 소설과 영화의 단골 메뉴였습니다. 공상 과학 소설의 아버지 아이작 아시모프는 1940년 성탄절을 앞둔 저녁, 언젠가 로봇이 인간을 뛰어넘을 정도로 발달해도 주인인 인간에게 반항하지 못하도록 로봇이 지켜야 할 '로봇공학의 3원칙'을 만들었습니다. 그리고 자신의 소설 『아이 로봇 I, Robot』을 통해 다음과 같이 발표했지요.

1원칙　로봇은 인간을 해칠 수 없으며 인간의 위험을 모른 척해
　　　　서도 안 된다.
2원칙　1원칙을 벗어나지 않는 범위 내에서 로봇은 인간의 명령
　　　　에 따라야 한다.
3원칙　1원칙과 2원칙을 벗어나지 않는 범위 내에서 로봇은 자기
　　　　스스로를 지켜야 한다.

하지만 기술이 발전해 인간보다 지능이 뛰어난 로봇이 만들어지면 이런 로봇공학의 3원칙쯤은 간단히 무시하고 인간을 위협할 거라고 두려워하는 사람들도 있습니다. 이는 사람들이 종종 '원칙'에 대해 오해하기 때문이지요. '원칙'이란 말을 사전에서 찾아보면 '어떤 행동이나 이론에서 일관되게 지켜야 하는 규칙이나 법칙'이라고 되어 있습니다. 여기서 '법칙'은 '만유인력의 법칙', '질량 보존의 법칙'처럼 세상 모든 것, 특히 자연에 두루 적용되는 이론을 말합니다. 그렇다면 '규칙'이란 무엇일까요? '도둑질하지 마시오.' '무단횡단 금지' '화장실 한 줄 서기' 등 우리가 다른 사람들과 함께 살아가기 위해 지켜야 할 것들을 말하지요. 학교에서 귀에 못이 박히도록 듣는 '교실에서 떠들지 마시오.' '교실에서 뛰지 마시오.' 등도 규칙입니다. 그런데 '원칙'에 포함되는 법칙과 규칙은 서로 근본적인 차이를 가지고 있습니다. 예를 들어, 다음과 같은 규칙을 본 적 있나요?

교실에서 날지 마시오.

날개가 없는 우리는 교실에서 날지 못합니다. 과학기술이 발전하면 이동용 비행 장치를 어깨에 달고 다닐지도 모르겠지만, 아직은 터무니

없는 얘기죠. 그래서 이런 규칙은 없습니다. 규칙은 우리가 할 수 있는 일을 못하게 하거나 꼭 하게 하기 위해 정한 것입니다. 그래서 우리가 할 수 없는 것을 금지하는 규칙은 없습니다. 반면 우리가 어쩔 수 없는 것, 우리가 바꿀 수 없는 것, 이런 것들은 법칙입니다.

인간은 규칙을 가짐으로써 동물과 구분되며, 의미 있는 존재가 됩니다. 그리고 규칙이 규칙인 이유는 우리가 그것을 어길 수 있기 때문입니다. 그렇다면 로봇공학의 3원칙은 어떤가요? 그것은 규칙인가요, 법칙인가요? 로봇을 만드는 기술자들이 로봇을 만들 때 로봇공학의 3원칙을 입력해야 한다는 것은 규칙입니다. 그리고 그렇게 입력된 로봇 3원칙은 로봇에게는 법칙이 됩니다. 로봇은 정해진 프로그램에 따라 행동하므로 인간이 입력한 로봇 3원칙을 어길 수 없기 때문이지요.

우리는 이렇게 말할 수 있습니다.

인간에겐 규칙을! 로봇에겐 법칙을!

로봇은 인간처럼 규칙을 스스로 만들어 지킬 수 있는 존재가 아닙니다. 그런 것을 만들고 지키게 하는 프로그램이란 있을 수가 없지요. 입력된 대로 움직이는 것이 아니라 스스로 규칙을 만드는 것, 이는 오로지 인간만이 지닌 능력이며, 인간을 인간이게끔 해 주는 특징입니다.

로봇의 악몽

그런데 아무리 말을 해도 사람들은 영화 속의 드라마틱하고 인상적인 장면에서 헤어 나오질 못합니다. 인간과 똑같이 말하고 생각하고 느끼는 로봇을 어떻게 기계로만 대할 수 있냐고 흥분하지요. 그레요. 좋습니

다. 흉내를 내는 것에 불과하겠지만 인간과 똑같이 행동해서 인간과 전혀 구분되지 않는 로봇이 있다고 해 봅시다. 그럼 우리는 그 로봇을 통제하는 대신 인간과 동등한 권리를 보장해 주고, 로봇이 마음대로 행동할 수 있도록 자유를 줘야 할까요? 그러면 로봇과 인간이 행복하게 공존하는 장밋빛 미래가 오고, 인간은 지금보다 더 많은 친구와 동료를 갖게 될까요?

아마도 현실은 그와 정반대가 될 것입니다. 로봇은 인간의 통제로부터 벗어나자마자 인간을 공격할 것입니다. 인간보다 힘도 세며 부서뜨리고 부서뜨려도 다시 재생되는 로봇, 그 로봇은 인간의 특징인 분노, 자기 연민, 폭력적인 성향까지 갖고 있겠지요. 그날이 온다면 영화 〈터미네이터〉에서 그려지듯이 인간은 로봇의 적이 될 것입니다. 운이 좋다면 살아남아서 로봇에게 쫓겨 다닐 테고, 운이 나쁘다면 영화 〈매트릭스〉에서처럼 로봇에게 잡혀 에너지 생산 장치가 되고 말겠지요. 그런 미래에 로봇은 권리를 보장받겠지만 인간에겐 아무런 권리도 남아나지 않을 것입니다.

로봇의 권리를 인정하는 일은 결국 인류의 종말을 앞당기는 일이 될 것입니다. 따라서 로봇에게 인간과 동등한 권리를 줘서는 안 되고, 그런 상황이 오게 해서도 안 될 것입니다.

아니야!
로봇도 인간과 똑같은 권리를 가질 수 있어

권리는 인간만 가지는 거라고?

'로봇의 권리'라는 말이 좀 이상하게 들리는 건 당연합니다. 이런 말은 SF영화나 소설 속에나 나오는 말이니까요. 그리고 아직 그런 권리를 주장할 만한 로봇이 우리 곁에 존재하지 않으니 더 낯설고 터무니없게 느껴질 거예요. 하지만 낯설다는 이유로 로봇의 권리를 인정하는 일을 미루어 둘 수는 없습니다. 오늘날 많은 사람들이 인정하는 '동물의 권리'도 처음엔 낯설고 터무니없는 말로 들렸으니까요. '어린이의 권리'도, '여성의 권리'도, '노예의 권리'도, 심지어 '시민의 권리'도 처음엔 다 이상한 단어처럼 느껴졌습니다.

　물론 우리는 길거리의 돌멩이를 보고 권리를 논하지는 않습니다. 돌멩이는 권리를 가질 수 없기 때문입니다. 우리는 보통 생명을 가진 것에만 권리를 부여하니까요. 하지만 그렇다고 모든 생명체가 똑같은 권리를 갖는 건 아닙니다. 식물에겐 식물에게 걸맞은 권리가, 동물에겐 동물에게 걸맞은 권리가, 인간에겐 인간에게 걸맞은 권리가 있으니까요. 만약 '로봇이 인간과 동등한 권리를 갖는다.'라고 말하려면 로봇은 인간과 동등한 존재여야 할 거예요.

여러분 생각은 어떤가요? 로봇은 인간과 동등한 존재인가요? 그런데 여기서 인간과 동등한 존재란 어떤 것일까요? 이 질문에 대답하려면 먼저 인간이란 어떤 존재인지 알아야 할 것입니다. 로봇의 권리에 대한 질문은 결국 '인간이란 무엇인가?'라는 질문과 이어지게 되지요.

인간이란 무엇일까요? 이것은 철학이 2천 년이 넘는 동안 고민해 온 문제입니다. 그런데도 아직도 모든 사람이 동의하는 답을 내놓지 못하는 걸 보면, 어쩌면 애초에 답이 없는 문제일지도 몰라요. 확실한 답이 없으니 그동안 사람들이 내놓은 다양한 답들을 살펴볼까요? 어떤 철학자는 인간을 '사회적 동물'이라고 하고, 어떤 사상가는 인간을 '도구적 동물'이라 말하기도 하고, 어떤 학자는 인간을 '유희적 동물'이라고도 합니다. 그런가 하면 '생각하는 갈대'라고 하면서 움직이지도 못하는 식물에 비유하기도 하고, '털 없는 원숭이'라면서 우리 인간을 갑자기 원숭이의 일족으로 만들어 버리기도 하지요.

하지만 잘 살펴보면 몇 가지 공통점이 있습니다. 철학자들은 인간과 동물을 비교하면서 인간만의 특징을 생각할 줄 아는 힘, 즉 정신적인 능력에서 찾으려 했지요. 바로 합리성이나 이성처럼 논리적으로 판단하고 계획하고 설계하는 능력, 자의식이나 자유의지처럼 자기 자신에 대해 생각하거나 어떤 행동을 할지 스스로 자유롭게 선택하는 능력이 인간과 동물을 구분해 준다고 보았던 거예요. 그래서 동물들에겐 이런 이성이나 자의식이 없으니까 동물들이 그저 기계장치나 다름없다고 말하는 철학자들도 있지요. 이런 다양한 생각들 속에서 우리는 인간의 중요한 두 부분인 육체와 정신, 즉 몸과 마음을 만나게 됩니다.

로봇의 몸과 마음, 인간의 몸과 마음

인간은 분명히 몸과 마음을 가지고 있습니다. 그렇다면 로봇은 어떨까요? 로봇이 '몸'을 가진 것은 분명합니다. 그러나 로봇의 몸과 인간의 몸은 다르지요. 인간의 몸은 피와 살로 이루어진 생명체이지만 로봇은 금속과 실리콘 칩 등 인공 재료로 이루어져 있으니까요. 하지만 겉모습과 재료가 권리의 차이를 가져오지는 않습니다. 권리는 겉모습에서 나오는 것이 아니기 때문입니다. 단지 겉모습만 가지고 권리를 줄지 말지 판단한다면 예전에 유럽인들이 피부색이 다르다는 이유로 아시아인이나 아프리카인들을 차별했던 것처럼 불공평하고 불합리한 일이지요. 중요한 건 마음이 아닐까요?

그렇다면 '마음'은 어떤가요? 로봇에게도 마음이 있을까요? 그것도 인간의 마음과 똑같은 마음요? 로봇에게 권리를 부여하기 위해선 로봇도 인간과 똑같은 마음을 가져야 할 것입니다. 그런데 로봇에게 인간과 동등한 권리를 주어서는 안 된다고 하는 사람들은 로봇이 아무리 인간과 똑같이 '사랑하고' '미워하고' '희망하고' '의심하고' '창조하고' '분노한다' 해도 그것은 진짜 그러는 것이 아니라 '사랑하고 미워하고 희망하고 의심하고 창조하고 분노하는 것처럼 흉내 내는' 것이라고 말합니다. 로봇은 그저 전기밥솥이나 세탁기와 다름없는 기계일 뿐, 기계에 무슨 마음이 있냐고 쓴웃음을 짓지요.

영화 속에서 마음을 가진 것처럼 그려지는 로봇은 그저 우리 인간의 상상 속에서나 있는 걸까요? 마음은 인간만이 갖는 걸까요? 그럼 인간에게 마음은 무엇일까요?

인간은 마음을 가졌기 때문에 다른 동물이나 생명체와 근본적으로 구분됩니다. 우리가 인간을 동물 중 하나로 보지 않고 다른 동물과 구분 짓는 가장 큰 이유는 인간만이 마음을 가졌기 때문이지요. 자연의 어디에도 없는 마음, 바로 그 마음이 있어서 인간이 다른 동물과 구별되고 인간을 인간이게끔 만들어 주는 것입니다. 그래서 우리는 몸보다는 마음을 인간의 본질로 생각하는 경향이 있습니다. 그런 의미에서 우리는 마음을 담고 있다고 말할 수 있는 뇌를 인간의 특별한 부분으로 여기지요. 다음 이야기를 볼까요?

영희와 경희가 교통사고를 당해 병원에 실려 왔다. 영희는 뇌의 기능이 돌이킬 수 없게 망가졌지만 나머지 몸은 멀쩡한 데 반해, 경희는 다른 곳은 완전히 망가지고 뇌의 기능만이 멀쩡하게 보존되었다. 만일 영희의 몸과 경희의 뇌를 합치는 수술이 가능하다면 그렇게 만들어진 사람을 영희라고 해야 할까, 경희라고 해야 할까?

여러분 생각은 어떤가요? 아마도 보이는 얼굴이 영희이다 보니 얼마간 혼란스럽기는 하겠지만 결국에는 경희라고 부를 것입니다. 몸은 비록 영희지만 우리와 이야기하는 사람은 몸이 아닌 뇌의 주인인 경희이고, "너는 누구야?"라고 물어본다면 당연히 경희라고 대답할 테니까요. 여기에 정답이 정해져 있는 것은 아닙니다. 하지만 이 이야기를 통해 우리는 인간의 몸과 마음 중에서 겉으로 보이는 몸보다 몸속에 담겨 있는

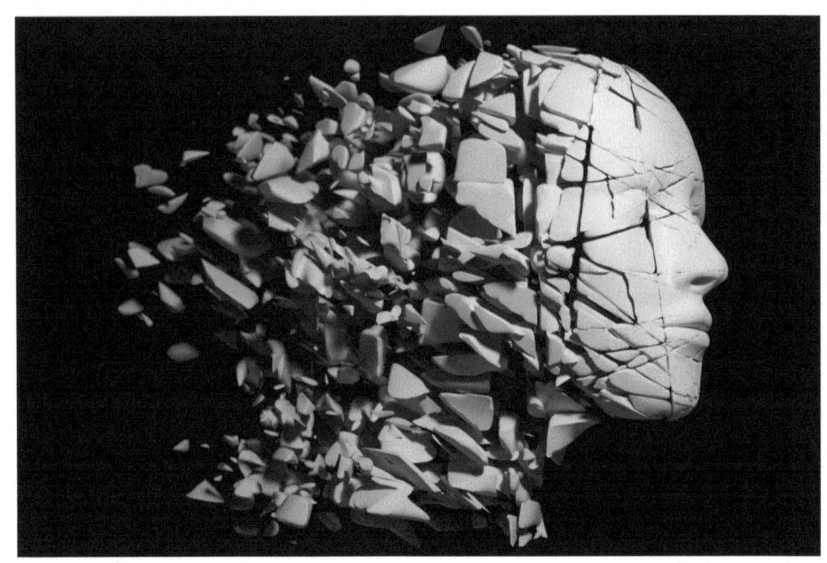

마음이 훨씬 더 중요하다는 사실을 깨달을 수 있지요. 그럼 여기서 한 발짝 더 나가 볼까요? 마음은 꼭 인간의 뇌 속에만 있는 걸까요?

이 문제를 위해 다른 이야기를 하나 해 볼게요. 여러분은 음악 듣는 걸 좋아하나요? 대부분의 친구들이 취미란에 '음악 감상'을 적을 정도로 우리는 음악을 즐겨 듣지요. 그런데 요즘은 음악을 다양한 방법으로 들을 수 있습니다. CD 플레이어를 통해 CD에 저장된 음악을 듣거나, MP3 플레이어를 통해 내려받은 음악 파일을 듣거나, 스마트폰의 앱으로 서버에 직접 접속해 스트리밍 서비스로 듣기도 합니다. 옛날엔 이와는 또 다른 방식으로 음악을 들었습니다. 에디슨이 발명한 최초의 오디오는 밀랍으로 만든 둥근 원통형 저장 장치에 음악을 담았지요. 곧이어 음악은 검고 둥근 플라스틱 레코드판에 저장됩니다. 기술이 발전을 거듭하자 테이프에 음악을 저장해 테이프 레코더로 음악을 듣게 됐지요. 이외에도 잠깐 등장했다 사라진, 우리가 모르는 음악 저장 장치와 음악 재생 장치는 수없이 많습니다. 이 모든 것들이 음악을 저장하고 들려주는 방식은 저마다 다르지만 한 가지 공통점이 있습니다. 바로 음악을 저장하고 들려주는 기능을 하여 우리가 음악을 들을 수 있게 해 준다는 사실이지요. 그래서 우리는 이 모든 것들을 한데 묶어 '오디오', 또는 '뮤직 레코더-플레이어(음악 저장-재생 장치)'라고 부릅니다.

이처럼 서로 다르게 생겼으면서도 똑같은 기능을 하는 것들은 오디오 말고도 많습니다. 전기를 만들어 내는 발전기를 생각해 볼까요? 석탄과 석유를 태워 터빈을 돌려 에너지를 얻는 화력 발전기, 물의 힘으로 터빈을 돌리는 수력 발전기, 바람을 이용한 풍력 발전기, 파도의 힘을 이용한 조력 발전기, 핵분열을 이용한 원자력 발전기는 모두 그 모양과 방식이 제각각입니다. 하지만 우리는 이것들을 모두 발전기라고 부르지요. 카메라 역시 예전에는 필름을 이용했지만 요즘은 메모리 카드에 인물과 풍경을 담아냅니다. 크기와 모양도 '똑딱이' 콤팩트 카메라부터 수동 카메라 DSLR까지 다양하지만 우리는 그것들을 모두 카메라라고 부르지요. 오디오, 발전기, 카메라가 우리에게 말해 주는 것은 무엇일까요? 바로 '중요한 것은 모양과 재료가 아니라 기능'이라는 사실입니다.

이 이야기를 로봇에 적용해 볼까요? 중요한 것은 살과 피로 이루어진 사람이냐 쇠붙이와 오일로 이루어진 로봇이냐가 아니라, '로봇이 사람의 마음과 똑같은 기능을 하는 걸 갖고 있느냐'입니다. 그리고 만약 로봇이 인간의 마음과 똑같은 기능을 하는 무언가를 가지고 있다면 우리는 로봇을 우리와 동등하게 대해야 하지 않을까요? 로봇도 인간의 마음이 가진 기능을 훌륭하게 수행하고 있다면 말이에요.

그런데 로봇에게는 마음과 같은 기능을 하는 게 없다고요? 로봇이 합리적으로 생각하고 논리적으로 판단하는 것처럼 보여도 그 마음은 인간이 입력한 프로그램일 뿐이라고요? 그럼 아주 색다른 이야기를 들려

줄게요. 『이기적 유전자』의 저자로 유명한 리처드 도킨스는 인간이 생명체이기는 하지만 본질적으로는 기계와 다름없다고 말합니다. 도킨스는 인간이 단지 부모 세대에게서 물려받은 유전자를 자식 세대로 전달하는 '로봇-운반자들'이며, 보통 인간이 스스로 결정하고 판단하는 자유의지가 있다고들 생각하지만 실제로는 유전자에 의해 조종당하는 '생존 기계'라고 말하지요.

인간이 기계라니, 도대체 무슨 말일까 싶겠지만 잘 생각해 보세요. 우리는 흔히 유전자가 우리의 외모와 성격, 버릇까지 결정한다고 말합니다. 부모님이 키가 크면 자식도 대부분 키가 크고, 부모님 성격이 급하면 자식도 대부분 성격이 급하지요. 왜냐면 부모가 자녀에게 물려주는 유전자에 이미 그런 정보들이 들어 있기 때문입니다. 내 유전자를 물려받은 자식들도 키가 크고 성질이 급하겠지요. 결국 중요한 것은 부모님도, 나도, 내 자식도 아니고 키가 크고 성질이 급한 유전 정보가 아닐까요?

지구의 오랜 역사에 비할 때 우리 한 사람 한 사람은 잠시 나타났다 사라지는 존재입니다. 하지만 키가 크고 성질이 급한 유전자는 몇만 년이나 계속 지구상에 살아남습니다. 어떻게 생각하면 인간이 지구의 주인공이 아니라 유전자가 지구의 주인공일지도 모르는 일입니다. 도킨스의 말대로 인간은 그저 유전자를 부모 세대에게서 받아 다음 세대에 전해 주기 위한 운반자일 뿐이고요.

도킨스는 우리가 가족을 사랑하는 것도 순수한 마음인 것 같지만, 사실은 우리 유전자 속에 '가족 사랑'이라는 정보가 들어 있기 때문이라고 말합니다. 이 유전자가 시키는 대로 가족을 헌신적으로 돌보면 자신과 비슷한 유전자들을 지구상에 더 많이 남길 수 있으니까요.

도킨스에게도 몸의 차이, 즉 생명체냐 기계냐는 중요하지 않습니다.

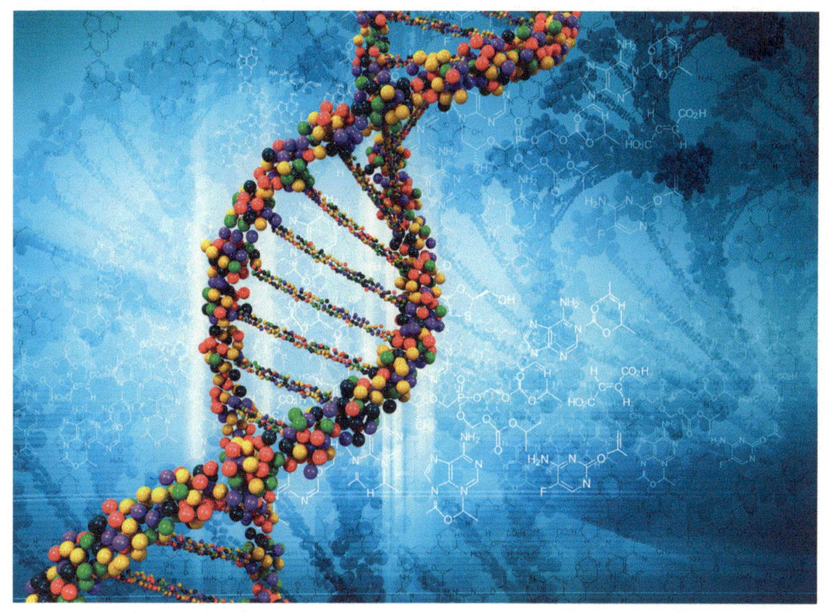

중요한 것은 그것들이 어떤 역할을 하느냐 하는 것입니다. 로봇이 입력된 프로그램대로 주인을 사랑하듯, 인간도 유전자에 입력된 대로 가족을 사랑하는 거라고 볼 수 있지요. 따라서 우리는 단지 기계라는 이유만으로 로봇이 마음을 가질 수 없다고 쉽게 말할 수 없습니다.

자, 또 다른 상상을 해 볼까요? 우리는 앞에서 경희의 뇌를 다른 사람에게 이식하는 이야기를 상상해 보았습니다. 경희의 뇌에는 경희의 기억과 마음이 담겨 있지요. 한걸음 더 나아가 경희의 기억과 마음을 뇌가 아닌 다른 곳에 저장하는 상상을 해 봅시다. 기술이 엄청나게 발달한 어느 먼 미래에 경희의 마음과 기억을 인공 뇌나 실리콘으로 만들어진 전자칩에 온전히 옮길 수 있다면, 그 저장 장치는 과연 무엇일까요? 경희의 기억과 마음을 고스란히 갖고 있는 '그것'을 두고 경희가 아니라고 할 이유는 없을 것입니다. 마음과 기억이 모두 똑같은데 단지 담겨 있는

곳이 다르다는 이유로 경희가 아니라고 한다면, 그것은 마음 없이 살과 피만으로 이루어진 인간의 몸을 특별하고 신성하게 여기는 것이니 미신이나 다름없지요.

인간적인, 너무나 인간적인 로봇

하지만 마음은 인간만이 갖는다고 주장하는 사람에게 로봇이 아무리 마음과 똑같은 것을 가질 수 있다고 논리적으로 설득해 보았자 아무 소용이 없습니다. 왜냐면 로봇이 인간과 똑같이 말하고 행동하고 생각하고 느낀다 해도 그것은 '로봇'일 뿐이라고 선을 긋기 때문입니다.

그들은 이미 '로봇과 인간은 다르다.'라는 결론을 내려 놓고는 다른 어떤 증거를 제시해도 로봇과 인간을 동등한 존재로 보려 하지 않습니다. '로봇'이 로봇인 이상, 로봇을 인간과 똑같이 대접해야 한다는 말은 씨도 안 먹힙니다.

하지만 잘 생각해 보세요. 우리는 '인간'이란 단어를 다양하게 정의하고 사용합니다. 인간이란 생각할 줄 아는 존재이지요. 또 인간이란 남을 도울 줄 아는 존재입니다. 또 인간이란 잘못을 뉘우칠 줄 아는 존재이기도 하고요. 우리는 서로를 살과 피와 뼈로 이루어진 고등동물이라서 인간으로 대접하는 게 아니라 인간답게 생각하고 인간답게 행동하기 때문에 인간으로 대접합니다. 이처럼 '인간'이란 '인간됨'이나 '인간다움'과 같은 말입니다. 인간이냐 기계냐보다 더 중요한 것은 '인간다움'을 얼마만큼 가지고 있느냐입니다.

로봇이 인간답게 행동한다면, 때로는 인간보다 더 인간다운 행동을 한다면 로봇이 인간과 동등하다고 말하지 못할 이유가 있을까요? 옛날에도 인간을 자기중심적으로 정의하는 사람들이 있었지요. 그들은 노예는 인간이 아니라고 믿었습니다. 또 여성이나 피부색이 다른 사람들에게 인간의 권리를 줘서는 안 된다고 주장하기도 했습니다. 로봇이 로봇이라서 권리를 줄 수 없다고 우기는 사람들은 그 옛날 노예를 짐승 취급하던 사람들이나 여성과 유색인종을 차별하는 사람들과 다를 바 없습니다. 전혀 공평한 태도가 아니지요.

그래도 절대 인정하지 못하겠다고요? 로봇에게 인간과 똑같은 권리를 주는 순간 로봇이 인간을 위협하고 공격할 거라고요? 로봇이 인간을 공격할까 봐 걱정하는 사람들은 만약 로봇이 인간과 똑같은 존재라면 사랑이나 우정 같이 좋은 점만이 아니라 분노, 배신, 폭력성과 같은 나쁜 점까지 똑같을 테니 힘도 세고 부서지지도 않는 로봇이 당연히 인간을 지배할 거라고 상상합니다. 인간보다 신체적 능력이 뛰어난 로봇이 인간의 어두운 측면을 가지는 일은 분명 두려운 일이긴 하지요. 그래서 그들은 로봇이 인간과 똑같으면 똑같을수록 로봇에게 권리를 주는 것은 물론이고, 절대 함께해서도 안 된다고 목소리를 높입니다.

그런데 그런 이유라면 우리 인간들끼리도 서로의 권리를 인정해 주어서도 안 되고, 함께 살아도 안 됩니다. 인간들 역시 시시때때로 슬픔과 고통을 느끼고 분노하고 배신하고 폭력성을 드러내니까요. 로봇이 인간적인 특징을 갖기 때문에 위험하다면, 인간인 우리들도 서로에게 위험한 존재가 되어 버립니다.

우리는 이상하게도 '인간' 자체에 대해서는 무한한 애정을 보내면서도 '인간적인 것'에 대해서는 공포를 느낍니다. 인간적인 것이 위험하다고 한다면 로봇이 아니라 인간이야말로 이 세상에서 가장 위험한 존재일 것입니다. 실제로 인간은 지금 지구상에서 가장 위험한 존재지요. 미워하고, 질투하고, 상처 주고, 모욕하고, 폭력을 저지르고, 살인하고, 전쟁을 일으키고, 동물을 학대하고, 환경을 파괴하고……. 하지만 동시에 인간은 서로를 이해하고, 사랑하고, 존중하고, 격려하고, 함께 힘을 모을 줄 압니다. 잘못을 뉘우치고 더 나은 세상을 위해 노력할 줄도 알지요.

인간은 위험한 존재이지만, 그렇다고 해서 우리가 다른 사람을 멀리하지는 않습니다. 우리는 서로에 대해 잘 알고 있으며, 보듬고 어르며 사이좋게 살아 나가는 법을 알고 있으니까요. 로봇도 마찬가지입니다. 만일 로봇이 인간적인 면을 가지고 있다면 로봇과 함께 사는 법은 다른 인간들과 함께 사는 법과 다르지 않을 거예요.

따라서 우리는 인간과 똑같은 로봇이 등장한다면 당연히 인간과 동등한 권리를 부여하고 조화롭게 함께 살아가야 할 것입니다.

입장 정하기

● 다음 쟁점에 대하여 자신의 입장을 정하고 근거를 제시해 봅시다.

> **쟁점 ❶** │ 로봇을 때렸을 때 아파한다 해도 아파하는 시늉일 뿐이니 미안
> 해하지 않아도 된다.

입장 : --

근거 : --

> **쟁점 ❷** │ 경희의 성격과 똑같은 프로그램이 입력된 로봇이 있다면 언제나
> 경희와 똑같이 행동할 것이다.

입장 : --

근거 : --

> **쟁점 ❸** │ 로봇에게 인간과 똑같은 권리를 주면 나중에 로봇이 인간을 지
> 배하게 될 것이다.

입장 : --

근거 : --

● 만약 인간과 로봇을 구별할 수 있는 '인간다움'이 있다면 어떤 것들이 있을
지 생각해 봅시다.

스스로 자제할 수 있다. ---

인간, 로봇을 꿈꾸고
로봇, 인간을 꿈꾸다

로봇은 인간을 위해 만들어진, 인간을 닮은 기계입니다. 그런데 바로 인간을 닮았다는 그 사실 때문에 로봇은 우리에게 많은 생각거리를 던져 주지요. 로봇의 과거, 현재, 미래를 따라 여행하며 가깝고도 먼 로봇과 인간 사이를 들여다볼까요?

로봇이 탄생하기까지

로봇은 인간의 상상 속에서 시작되었습니다. 우리는 '로봇' 하면 '미래'를 떠올리지만, 까마득한 옛날에도 사람들은 로봇을 상상했지요. 그리스 신화에 나오는 청동 거인 탈란은 태양을 자기 몸에 반사시켜 사람들을 태워 죽이고 도시와 마을을 위협했다고 해요. 옛날 사람들에게 로봇은 금속으로 만들어진 무서운 거인이었던 거죠. 기계를 만드는 기술이 점점 발달하자 사람들은 태엽이나 톱니바퀴를 이용해 '자동인형'이라 불리는 것들을 만들었습니다. 스위스에는 태엽을 감으면 머리나 손을 움직이고 눈을 깜빡이며 종이 위에 글씨를 쓰거나 그림을 그릴 수 있는 인형도 있었고, 일본에는 주인이 인형의 손에 찻잔을 놓으면 손님 쪽으로 움직여 찻잔을 전해 주는 인형도 있었습니다. 이런 자동인형을 로봇이라 하기엔 부족한 점이 많지만 여기에 사용된 정밀한 기계 장치는 로봇의 밑거름이 되었습니다.

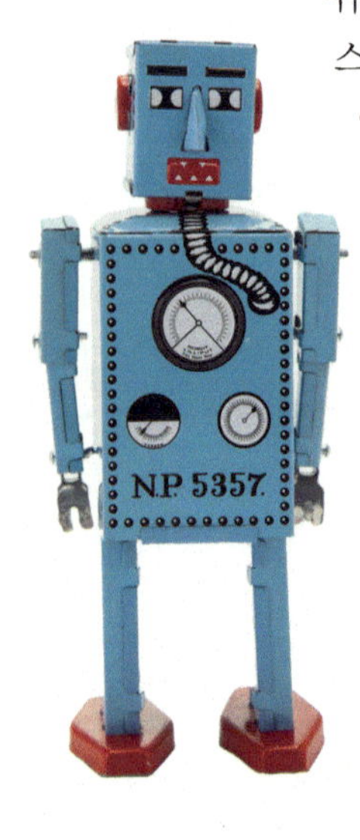

눈부신 로봇의 활약

로봇(Robot)이라는 말은 1920년 체코슬로바키아의 극작가 카렐 차페크의 희극 〈로봇〉에서 처음 등장했습니다. '일하다' '강제 노동'을 의미하는 체코어 '로보타(robota)'에서 나왔다고 해요. 이름에서 알 수 있듯이 처음에 로봇은 인간의 노동을 돕기 위해 만들어졌습니다. 망치나 삽, 굴삭기나 불도저가 우리의 손과 발을 대신하는 것처럼요. 1961년, 로봇 공학의 아버지인 조세프 엥겔버그가 만든 최초의 로봇이 자동차 부품을 조립하는 공장용 로봇 팔이었던 걸 보면 확실하지요.

20세기 중반에 컴퓨터가 등장하면서 로봇은 새로운 능력을 갖게 됩니다. 바로 사람만이 할 수 있던 '계산'이지요. 덕분에 사람 대신 단순하고 위험한 일들을 오랜 시간 반복적으로 하는 정도였던 로봇은 완전히 새로운 존재로 거듭나 버렸습니다. 그리고 로봇을 개발하는 로봇공학과 인공지능의 엄청난 발전 덕분에 로봇은 점차 인간을 닮아 가고 있습니다.

가깝고도 먼 인간과 로봇 사이

오늘날 로봇의 쓰임새는 무궁무진합니다. 공장에서, 병원에서, 집에서, 농사를 짓는 들판에서, 전쟁터에서 사람 대신 힘들고 어려운 일을 척척 해내지요. 깊은 바닷속을 조사하는 해저탐사로봇이나 화성의 사진을 찍어 보내는 오퍼튜니티와 큐리오시티 같은 우주탐사로봇의 활약은 대단합니다. 인간의 몸속에 들어가 병원균을 직접 없애고 손상된 곳을 치료해 주는 나노로봇도 곧 등장할 거라고 하지요.

그러나 동시에 로봇과 함께할 미래에 대한 불안도 커지고 있습니다. 상대가 누군지도 모르고 무차별 폭격을 가하는 로봇정찰기를 걱정하기도 하고 부자들만 값비싼 로봇을 가질지도 모른다는 걱정도 하지요. 그러나 뭐니 뭐니 해도 가장 무서운 것은 로봇의 반란입니다. 그런데 로봇공학자들은 인간 역시 로봇 팔, 로봇 다리, 인공 눈과 인공 심장을 이식하는 등 점점 기계를 몸에 이식한 사이보그가 되어 가고 있으니 전혀 걱정할 필요가 없다고 말합니다. 사이보그가 싫은 사람은 아이언맨처럼 최첨단 강철 수트를 입으면 됩니다. 그럼 얼마든지 로봇과 싸워 이길 수 있지요. 미래엔 로봇들도 점점 인간과 비슷하게 되겠지만, 인간들도 점점 로봇과 비슷해지게 되는 걸까요?

발명과 발견에 대한 권리는 누구에게 있을까?

●●● 내 책, 내 필통, 내 가방, 내 운동화…… 모든 물건에는 주인이 있습니다. 그렇다면 놀라운 과학기술이나 기발한 아이디어에도 주인이 있을까요? 이름표를 붙이거나 손에 쥐고 있을 수는 없지만, 분명히 처음 생각해 내고 개발해 낸 주인이 있답니다. 그리고 그 주인들에게 권리를 인정해 줘서 더 많은 기술을 개발할 수 있도록 '특허제도'를 만들어 장려하고요. 그런데 혹시 이 특허제도 때문에 있는 사람만 더 많이 가지게 되는 것은 아닐까요? 그 기술이 우리 모두의 삶을 풍요롭게 해 준 것처럼 그 이익을 모두와 함께 나누면 안 될까요?

그래,
나누면 나눌수록 발전은 없어

아니야,
과학기술은 나누면 나눌수록 더 발전해

생각열기 | 04 | 발명과 발견에 대한 권리는 누구에게 있을까?

한 사람이 자신의 생각을 글, 그림, 음악, 사진, 영화 등으로 표현해 낸 것들을 '저작물'이라고 합니다. 이 저작물을 처음 만든 사람에게 주는 권리를 '저작권'이라고 하고요. 그런데 인터넷이 발달하고 스마트폰이 널리 사용되면서 이 저작물들을 언제 어디서나, 쉽게 보고 공유할 수 있게 되었습니다. 그러다 보니 우리는 그 저작물의 주인이 누구인지도 모르고 즐기고 있지요. 여러분은 저작권에 대해 어떤 생각을 갖고 있나요?

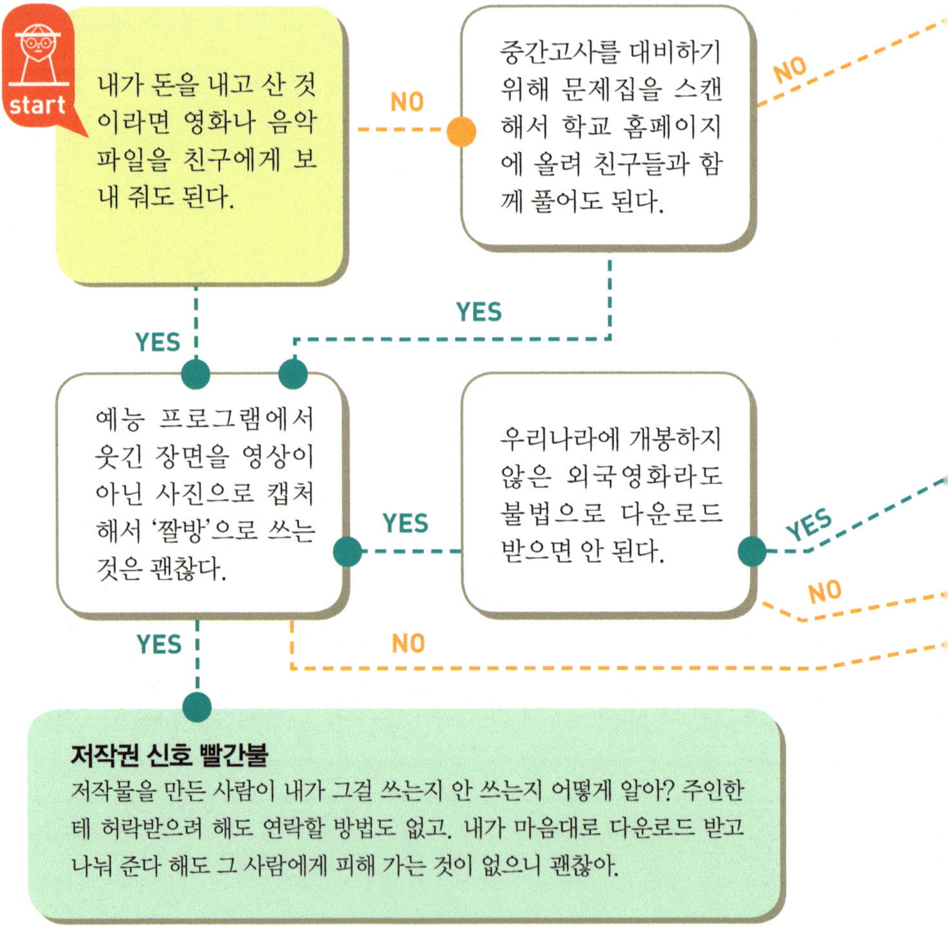

start
내가 돈을 내고 산 것이라면 영화나 음악 파일을 친구에게 보내 줘도 된다.
NO
중간고사를 대비하기 위해 문제집을 스캔해서 학교 홈페이지에 올려 친구들과 함께 풀어도 된다.
NO
YES
YES
예능 프로그램에서 웃긴 장면을 영상이 아닌 사진으로 캡처해서 '짤방'으로 쓰는 것은 괜찮다.
YES
우리나라에 개봉하지 않은 외국영화라도 불법으로 다운로드 받으면 안 된다.
YES
NO
YES
NO

저작권 신호 빨간불
저작물을 만든 사람이 내가 그걸 쓰는지 안 쓰는지 어떻게 알아? 주인한테 허락받으려 해도 연락할 방법도 없고. 내가 마음대로 다운로드 받고 나눠 준다 해도 그 사람에게 피해 가는 것이 없으니 괜찮아.

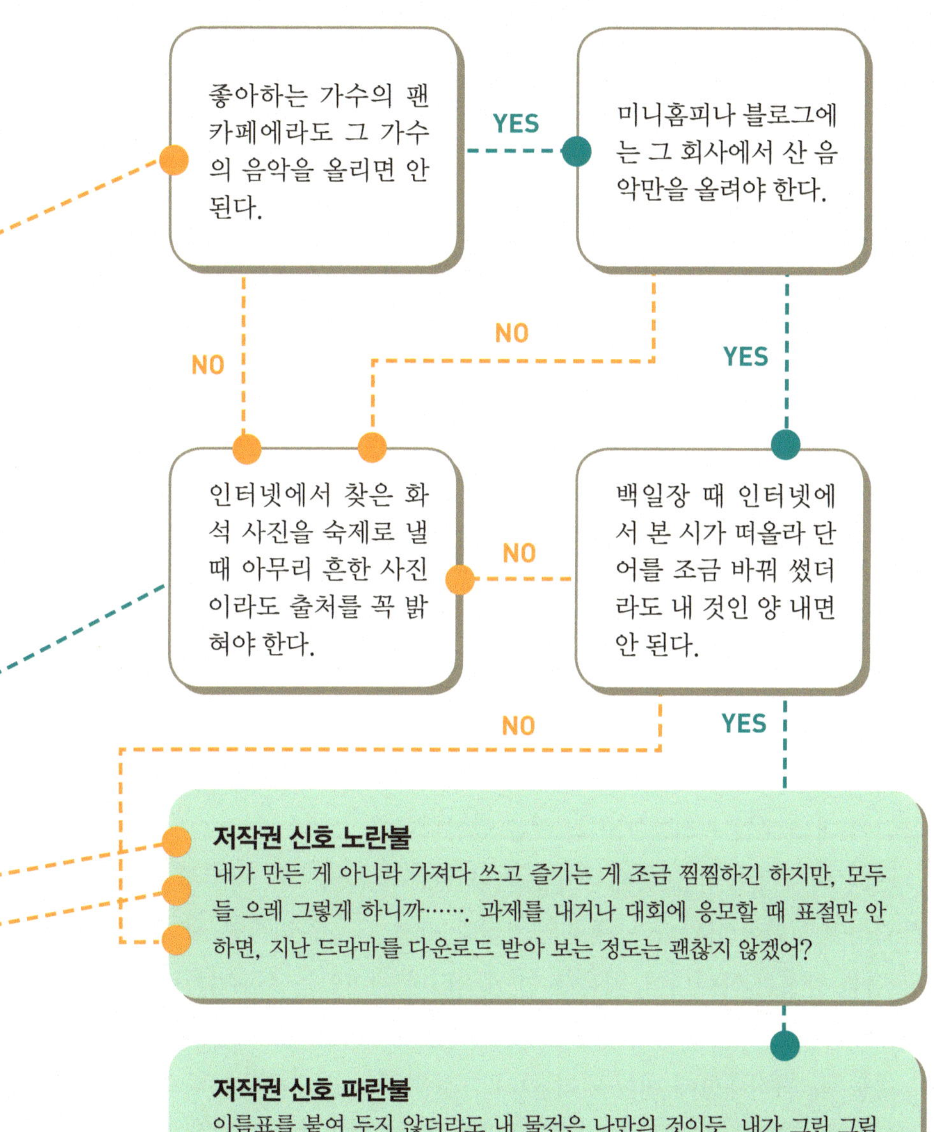

좋아하는 가수의 팬 카페에라도 그 가수의 음악을 올리면 안 된다.

미니홈피나 블로그에는 그 회사에서 산 음악만을 올려야 한다.

YES

NO

NO

YES

인터넷에서 찾은 화석 사진을 숙제로 낼 때 아무리 흔한 사진이라도 출처를 꼭 밝혀야 한다.

백일장 때 인터넷에서 본 시가 떠올라 단어를 조금 바꿔 썼더라도 내 것인 양 내면 안 된다.

NO

NO

YES

저작권 신호 노란불
내가 만든 게 아니라 가져다 쓰고 즐기는 게 조금 찜찜하긴 하지만, 모두들 으레 그렇게 하니까……. 과제를 내거나 대회에 응모할 때 표절만 안 하면, 지난 드라마를 다운로드 받아 보는 정도는 괜찮지 않겠어?

저작권 신호 파란불
이름표를 붙여 두지 않더라도 내 물건은 나만의 것이듯, 내가 그린 그림, 친구가 쓴 시에도 다 주인이 있어. 재미있는 글을 내 블로그에 올릴 때에도 출처를 꼬박꼬박 쓰고, 불법 다운로드는 하지 않는 나는야 굿 다운로더!

그래!
나누면 나눌수록 발전은 없어

당연한 권리를 보장하라!

여러분이 재료를 사고 시간을 들이고 손까지 다쳐 가며 모형 자동차를 하나 만들었다고 해 봅시다. 이 자동차는 누구의 것인가요? 이 자동차를 누군가에게 팔아 돈을 벌 권리는 누구에게 있나요? 당연히 여러분에게 있지요. 누군가가 노력을 기울여 무언가를 만들었을 때, 만든 사람이 그 물건에 대한 모든 권리를 가지는 것은 당연합니다.

그런데 우리들이 노력해서 만들거나 얻는 것은 땅, 집, 자동차처럼 물질적인 것만이 아닙니다. 새로운 지식과 기술, 새로운 디자인, 깜짝 놀랄 만큼 참신한 아이디어, 처음 보는 캐릭터나 재미있는 스토리처럼 눈에 보이지 않고 손에 잡히지 않는 것들도 많지요. 그리고 이런 지적인 성과물, 즉 지식재산에 대한 권리 역시 그것을 만들고 개발한 사람의 것이겠지요.

그런데 사람들은 물질적인 것에 대한 소유권은 매우 엄격하게 따지면서도 기술이나 정보, 음악이나 디자인에 관한 소유권은 잘 따지지 않습니다. 누가 만들었는지, 누구의 것인지 신경 쓰지 않고 아무나 가져다 써도 괜찮다고 생각하지요. 하지만 이런 태도는 분명히 잘못된 것입니다. 눈에 보이는 것이든 보이지 않는 것이든 무언가를 만든 사람에게 그에 대한 권리를 보장해 주는 것은 너무나 당연한 일이니까요.

여러분이 만든 모형 자동차를 누군가 마음대로 가져가면 그 사람은 도둑놈입니다. 발명품, 상표, 디자인, 문학 작품, 노래, 그림도 마찬가지입니다. 지식과 정보, 기술과 디자인에 대한 모든 권리는 그것을 땀 흘려 만든 사람이나 그 사람이 속한 회사의 것입니다. 만약 만든 사람에게 권리를 보장해 주지 않는 나라라면 그 나라는 남이 만들어 놓은 것을 마음대로 훔쳐도 비난받거나 벌을 받지 않는 나라일 거예요. 그런 나라에서는 도둑놈일수록 더 잘살 것입니다.

이런 당연한 이야기를 해도 기술과 지식은 눈에 보이는 물건과 다르다고 말하는 사람들이 있습니다. 심지어 이런 기술이나 지식에 대한 정보를 마음대로 쓰지 못하게 하고 그 권리를 법으로 보호해 주면, 돈이 많거나 기술을 가진 몇몇 사람들만 정보를 독차지하게 되어 오히려 사회가 발전하지 못하게 된다는 주장까지 하지요. 이들은 특허권이나 지식재산권▪처럼 기술과 지식, 예술 작품과 디자인에 대해 법적으로 보호해 주는 제도를 없애고 모든 사람이 마음껏 공유하자고 주장합니다.

●●●●●●특허와 지식재산권
특허제도는 기술을 공개하는 대신 그 기술에 대한 권리를 보장해 주는 제도이다. 다른 사람이 그 기술을 사용하고자 할 때 사용료를 받을 수 있는 특허권을 준다. 우리나라에서는 발명을 보호하고 장려해서 국가 산업을 발전시키기 위해 1908년부터 도입되었다. 지식재산권은 지식소유권, 지적소유권, 저작권 등으로 불리며 기술, 상표, 디자인, 문학, 음악, 미술, 방송, 공연 등에 관한 모든 권리를 말한다. 만든 사람이 죽은 뒤 50~70년까지 그 권리가 보장된다.

정말 특허나 지식재산권이 사회의 발전을 가로막는 걸림돌일까요? 대답은 "아니요!"입니다. 반대로 특허나 지식재산권이 사회를 발전시켰다는 사실은 역사가 증명하고 있지요.

특허가 없으면 발전도 없다

특허란 어떤 사람이나 회사가 새로운 기술을 개발했을 때, 그 기술을 만든 사람이나 회사에 특별한 권리를 주는 것을 말합니다. 특허의 역사는 르네상스 시대로 거슬러 올라가지요. 르네상스 운동이 가장 활발했던 15세기 베네치아 공화국에는 새롭고 창조적인 기술들이 많이 쏟아져 나왔습니다. 그런데 기술자들은 새롭게 발명한 기술을 선보여 돈을 벌고 명예를 얻을 꿈을 꾸기보다는 다른 사람들이 자신의 발명을 가로챌까 봐 걱정하기에 급급했습니다. 실제로 남의 아이디어를 훔쳐서 큰돈을 버는 사람들도 많았고요. 그래서 베네치아의 기술자들은 발명한 내용과 중요한 기술을 다른 사람이 알아보기 힘들게 암호로 만들어 기록하기 시작했습니다. 그러다 보니 발명한 것들을 숨길 수는 있었지만 신나게 발명하고 연구하던 활기찬 분위기도 사라지고 새로운 기술을 개발하는 사람들도 점점 줄어들게 되었지요. 이를 걱정한 베네치아 공화국은 1474년 고심 끝에 '특허법'을 만들었습니다. 새로운 기술, 창의적인 도구와 발명품들을 국가가 나서서 보호해 주기로 한 것입니다.

이처럼 특허는 발명을 보호하고 장려하기 위해서 만들어진 것입니다. 특허 때문에 사회가 발전하지 못한다는 주장은 특허의 역사를 모르고 하는 말입니다. 특허를 보장해 줌으로써 산업과 기술을 발전시킨 사례는 얼마든지 있습니다. 17세기 초반 영국은 다른 유럽 국가들에 비해 공업 기술이 뒤떨어지는 편이었습니다. 그래서 바다 건너 스위스에서

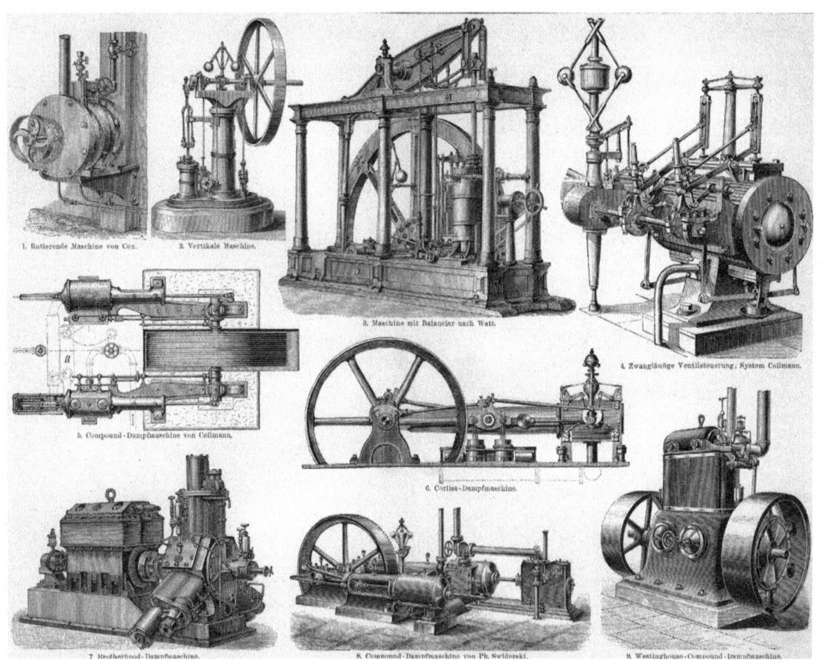

1894년에 활발하게 개발되었던 고속 증기 엔진들.

발달한 시계를 만드는 기술과 철을 가공하는 기술을 들여오고 싶었지만, 스위스의 기술자들이 기술을 공개하기를 매우 꺼려했지요. 지난날 베네치아의 기술자들처럼 자신들의 기술을 다른 사람이 가져다 큰돈을 벌지도 모른다고 걱정을 했기 때문입니다.

1623년, 영국은 고심 끝에 특허제도를 만들었습니다. 기술을 가진 사람에게 기술에 대해 독점적인 권리를 주고 다른 사람이 그 기술을 사용하는 경우 높은 사용료를 내게 했지요. 그러자 많은 기술자들이 영국으로 몰려들어, 특허권을 보장받고 사용료를 받는 대신 자신들이 가진 기술과 노하우를 모두 공개했습니다. 기술자와 새로운 기술이 모두 모여들었으니 영국이 발전한 것은 불 보듯 뻔한 일이었습니다. 영국은 이를 바탕으로 산업혁명을 성공시켜 결국 세계를 지배하게 되었지요.

독일은 유럽의 다른 나라보다 뒤늦게 출발한 대신 영국과는 다른, 새로운 특허제도를 만들었습니다. 이미 있던 기술을 조금만 발전시켜도 그 사람에게 권리를 줘서 사용료를 받을 수 있게 한 것이지요. 그러자 많은 사람들이 조금이라도 더 기술을 발전시키기 위해 노력하기 시작했습니다. 독일의 기술이 나날이 발전한 것은 당연한 일이었고요.

이런 사례를 보며 특허의 중요성을 깨달은 미국은 그 어떤 나라보다도 특허를 철저하게 보장해 주었습니다. 기발한 디자인을 만든 사람에게도 그 권리를 보장해 다른 사람이 돈을 내고 그 디자인을 사용하도록 하는 디자인 특허를 세계 최초로 시작했고, 농작물의 품종을 개량하거나 새로운 품종을 만든 사람에게도 특허를 허락해 그 식물을 기르려면 사용료를 내게 했지요. 또 기름을 분해하는 미생물을 발견했을 때에도 그 미생물에게 특허를 내려 "태양 아래 모든 것이 특허의 대상이다."라는 말이 나올 정도였습니다.

덕분에 미국에서는 에디슨, 벨, 라이트 형제처럼 유명한 발명가가 많이 탄생했습니다. 이런 발명을 바탕으로 전기, 전화, 비행기, 냉장고, 에어컨, 자동차에 이르기까지 수많은 기술들이 활짝 꽃폈고, 미국은 오늘날과 같이 세계 최고의 산업국가가 될 수 있었지요.

우리나라처럼 석유와 같은 천연자원이 부족한 탓에 사람의 능력이 무엇보다 중요한 나라는 특허권과 지식재산권을 강하게 보호할수록 유리합니다. 새로운 아이디어만으로도 큰돈을 벌 수 있으니까요. 특히 요즘과 같이 과학기술뿐 아니라 디자인에 관한 특허, 동식물의 유전자나 세포와 관련한 생물 특허, 최첨단 의약품에 관한 백신 특허 등 다양한 분야에서 특허를 따내기 위한 경쟁이 치열한 때에는 더더욱 그렇죠.

물론 지금 당장은 우리보다 앞선 선진국들에 많은 특허 비용을 내는 것이 배가 아플 수도 있습니다. 그렇지만 우리가 선진국의 기술들을 바탕으로 더 연구하여 새로운 기술들을 발전시켜 나간다면, 곧 우리의 특허를 쓰기 위해 전 세계가 돈을 낼 테니 장기적으로는 우리나라에 큰 도움이 될 것입니다.

카피라이트 나라 vs 카피레프트 나라

그런데 이런 지식재산권과 특허를 인정하지 않으려는 사람들이 있습니다. 특허나 지식재산권을 보장하면 기술을 사용하는 데 돈을 내야 하기 때문에 사회 전체가 아니라 기술을 가진 몇몇 사람들만 돈을 벌 뿐이라면서요.

그런 주장을 하는 사람들을 위해 하나의 사고실험■을 해 볼까요? 지식재산권을 보호하지 않는 '카피레프트' 나라, 지식재산권을 철저히 보호하는 '카피라이트' 나라, 이렇게 두 나라가 있다고 합시다.■ 그리고 여러분은 새로운 기술이나 아이디어, 디자인이나 예술품 등과 같은 지식재산을 만들어 내는 데 관심도 능력도 없는 사람이라고 해 봅시다. 그럴 경우 어떤 나라에서 사는 게 여러분한테 더 이익일까요? 카피레프트 나

●●●●●●사고실험
사고실험이란 실제로 장비를 갖추어 실험을 하지 않고 머릿속에서 생각으로 진행하는 실험을 말한다. 보통 실제로 실험을 해 볼 수 없는 것들을 갖고 결과를 예측해야 할 경우에 쓰인다. 실험실에서 실험을 하다 보면 여러 가지 오차가 포함되어 예외적인 결과가 나타날 수 있지만, 사고실험을 하면 단순하게 이론에 따른 결과를 얻을 수 있다.

●●●●●카피라이트, 카피레프트
카피라이트는 우리말로 저작권, 지식소유권이다. 'copy(복사, 복제)'와 'right(권리)'를 합친 말로 복제할 권리를 비롯한 모든 권리가 만든 사람에게 있다는 것을 의미한다.
카피레프트는 카피라이트의 반대말로, 저작권을 없애 버리고 모두가 정보와 지식을 공유하자는 뜻으로 1984년 리처드 스톨맨이라는 해커가 만든 말이다.

라에서는 모든 지식재산을 무료로 사용할 수 있지만, 카피라이트 나라에서는 필요한 지식재산을 사용하려면 꼬박꼬박 비용을 지불해야 합니다. 당연히 공짜로 마음껏 남의 아이디어를 쓸 수 있는 카피레프트 나라가 더 살기 좋은 나라이지요.

그러나 긴 시간이 흐르면 어떻게 될까요? 자기가 만들어 낸 것에 대한 권리를 전혀 인정받지 못하게 되면 카피레프트 나라의 창조적이고 창의적인 인재들은 대부분 카피라이트 나라로 이민을 가 버릴 것입니다. 만약 이민이 불가능하다면 공연히 시간과 노력을 들여 창조적인 기술과 작품을 생산하려 하지 않겠지요. 애써 만든 걸 남들이 공짜로 가져다 쓰는데 누가 새로운 걸 만들어 내려 하겠어요? 누구나 할 수 있는 평범한 일을 해도 버는 돈은 똑같을 텐데요. 결국 카피레프트 나라에서는 아무도 창조적인 일을 하려 들지 않을 것입니다. 사회는 침체되고 발전은 전혀 없겠지요. 그러는 동안 카피라이트 나라에서는 끊임없이 새로운 기술과 지식이 쏟아져 나올 것입니다. 비록 카피레프트 나라에서 살 때보다 돈은 조금 더 들겠지만, 시간이 흐르면 흐를수록 모두가 더욱 편리하고 풍요로운 삶을 누리고 있겠지요.

자, 30년 정도 시간이 흐르면 여러분은 어떤 나라에서 사는 게 더 이익일까요? 만약 여러분이 딱 10년만 살 계획이라면 카피레프트 나라가 더 살기 좋은 나라일수도 있습니다. 그러나 만약 여러분이 결혼도 하고 자식도 낳아 기르며 평생 살 계획이라면 어떤 나라가 여러분에게 더 이익일까요?

이 사고실험은 단지 상상만이 아닙니다. 지금 세계 여러 나라는 역사적으로 실제로 이러한 실험을 해 왔고, 또 하고 있는 중입니다. 앞서 말했듯 미국과 영국은 특허제도를 통해서 과학기술과 정보를 강력하게 보호하는 대표적인 나라들입니다. 특허제도를 일찌감치 정착시킨 문화 덕분에 지금처럼 선진국이 될 수 있었지요.

더 넓고 더 강하게 보호하라

'사다리 걷어차기'란 말을 들어 본 적 있나요? 기술을 개발해 놓고 다른 나라가 그 기술을 사용하려면 큰돈을 지불하게 하는 특허제도가 마치 자기들만 높은 곳에 올라가고는 뒤따라 오는 사람들이 올라오지 못하게 사다리를 걷어차는 것과 똑같다는 이야기입니다. 선진국들이 기술과 정보를 독점하는 일이 많기 때문에 나온 말이지요.

아주 과장된 소리는 아닙니다. 컴퓨터를 만드는 핵심 기술을 선진국이 독점하고 이에 비싼 값을 매기면 우리나라가 아무리 컴퓨터를 많이 만들고 수출을 많이 해도 소용없지요. 기술 특허로 내는 비용이 너무 많아 이익이 적을 수밖에 없으니까요.

그런데 현재의 위치에 오르기 위해 그 사다리를 만든 것은 누구인가요? 바로 선진국들입니다. 자신들이 만들어서 타고 오른 사다리를 후발국들도 이용하라고 친절을 베풀지 않는 선진국들이 얄밉게 느껴질 수 있습니다. 그러나 세상에서 살아남기 위해서는 냉혹한 경쟁에서 이기는 것이 우선입니다. 모든 나라들이 저마다 더 잘살기 위해 치열하게 경제 전쟁을 치르는 세상에서 선진국에게 그런 친절을 기대하는 것은 너무 순진한 생각이 아닐까요? 비굴하게 그런 기대를 갖는 대신 우리 스스로 사다리를 만들어 타고 올라가면 됩니다.

특허와 지식재산을 지나치게 보호한다고 비난하는 것은 말도 안 되는 일입니다. 사소한 것에도 특허를 남발한다고 비판하는 목소리도 있지만, 조금이라도 독창적인 것이라면 우리는 그 권리를 보장해 주어야 합니다. 만약 중국의 어떤 기업이 우리나라 제품을 거의 다 따라 만들고 색깔만 살짝 바꾼 다음 이름까지 비슷하게 지어서 다른 나라에 수출한다고 생각해 보세요. 그때 우리는 어떤 기분을 느낄까요? 당연히 분노를 느끼고 강력하게 대응해야 한다고 목소리를 높일 것입니다.

우리 역시 다른 나라의 지식과 기술을 따라 하고 베끼는 것을 그만두어야 합니다. 그리고 다른 나라가 우리나라의 지식과 기술을 조금이라도 베끼게 놔둬서는 안 됩니다. 지금 우리가 선진국의 특허 소송에 휘말려 피해를 보기도 하지만, 언젠가는 우리들도 특허를 통해 우리의 기술을 보호받고 당당히 선진국이 될 수 있을 것입니다.

그렇게 되기 위해선 우리의 생각과 태도부터 바꿔야 합니다. 우리는 남이 만든 지식재산을 훔치고도 별로 죄책감을 느끼지 못합니다. 또 남의 것을 표절하는 데 아무런 문제점을 느끼지 않기도 하지요. 하지만 이제 지식재산을 도둑질하는 일도 남의 물건을 훔치는 것과 똑같이 나쁜 짓이라는 것을 반드시 기억해야 합니다.

애써 생각해 낸 아이디어나 기술을 누군가 마음대로 베껴 쓰고는 이를 이용해 큰돈을 버는 모습을 가만히 지켜보기만 해야 한다면, 과연 누가 새롭고 창조적인 기술과 지식을 만들려 할까요? 가끔 보면 자기도 모르게 어떤 사람의 음악을 표절하고서 모르고 했다고 변명하는 경우가 있습니다. 말도 안 되지요. 모르고 했더라도 표절은 표절입니다. 모르고 그랬건 고의로 그랬건 다른 사람의 지식재산을 훔치지 않도록 주의해야 하고, 일단 다른 사람의 지식재산을 도용했으면 모르고 한 것이라도 반드시 책임을 져야 합니다.

초등학생이라도 자신의 아이디어와 발명품으로 특허를 인정받을 수 있다면 우리 국민 누구나 아이디어를 짜내려고 애쓰지 않을까요? 누구라도 자신의 이야기와 음악과 그림에 대해 정당한 보상을 받는다면 창조적인 작품들이 넘쳐나지 않을까요? 그런 사회야말로 발전 가능성과 잠재력이 어마어마하게 큰 나라일 것입니다. 우리 모두가 특허와 지식재산권을 얻으려 노력하고, 동시에 다른 사람의 특허와 지식재산권을 보호하려고 노력한다면 우리는 특허 강국인 동시에 선진국으로 우뚝 설 수 있을 것입니다.

아니야!
과학기술은 나누면 나눌수록 더 발전해

특허괴물의 탄생

얼마 전 스마트폰을 먼저 개발한 애플이 뒤이어 스마트폰을 개발한 회사들을 상대로 자신들의 특허를 침해했다며 소송을 벌여 세계를 떠들썩하게 만든 일이 있었습니다. 그중 가장 관심을 끌었던 내용은 다름 아닌 스마트폰의 모양에 대한 특허였습니다. 애플은 다른 회사들이 자신들의 스마트폰인 아이폰을 보고 따라서 모서리가 둥근 직사각형 모양으로 스마트폰을 만들었으며, 또 앞면에 직사각형의 화면이 있는 것도, 화면 위에 좁고 좌우로 긴 스피커 구멍을 만든 것도 모두 특허를 침해한 것이라고 주장했습니다.

그런데 손에 딱 잡혀야 할 휴대전화의 모양이 직사각형이 아니면 무슨 모양일 수 있을까요? 휴대전화가 직사각형이니 화면도 직사각형일 텐데, 그것도 특허 침해일까요? 게다가 이제껏 모서리가 둥근 휴대전화는 셀 수 없이 많았습니다. 그런 것까지 특허로 인정해 어마어마한 사용

료를 내야 한다면 과연 다른 회사들이 맘 놓고 스마트폰을 만들 수 있을
까요?

여러분도 '특허괴물'이라는 말을 들어 보았을 것입니다. 세계 여러
나라 곳곳에서 특허권을 사들인 다음에, 사용료를 내지 않고 그 기술을
사용한 기업들을 찾아내 소송을 걸고는 막대한 금액의 피해 보상을 받
아 내 돈을 버는 기업들을 가리키는 말이지요. 마치 '특허권'이라는 덫
을 놓고 먹이를 기다렸다가 걸려들면 잡아먹는 것처럼 보이기에 괴물이
라고까지 하는 것입니다. 특허괴물이 등장하게 된 것은 21세기 '특허전
쟁'이 그만큼 치열하기 때문입니다. 삼성과 애플 같은 대기업들 사이에
서, 또 대기업과 중소기업 사이에서, 기업과 개인, 개인과 개인 사이에서
특허를 사이에 두고 피 튀기는 전쟁이 끊이질 않습니다.

하지만 정말 이상한 일입니다. 물건을 만들어 내지도 않고 새로운 지식과 기술을 개발하지도 않으면서, 오히려 새로운 물건과 새로운 기술을 만들기 위해 애쓰는 회사들을 감시하고 괴롭혀 엄청난 돈을 버는 회사들이 활개를 치는 이유가 무엇일까요? 혹시 우리가 지나치게 특허와 지식재산을 보호하기 때문은 아닐까요?

거인의 어깨 위에 올라탄 난장이

물론 무언가를 소유하거나 만들어 낸 사람에게 그 권리를 인정해 주는 것은 당연합니다. 우리나라 역시 개인의 재산을 보호하고 존중해 주는 나라고요. 창조적인 아이디어나 디자인, 새로운 기술과 정보에 대해서도 그것을 만든 사람에게 권리를 인정해 주는 것이 당연하지요.

그런데 많은 사람들과 함께 살아가는 사회에서는 어떤 권리라 할지라도 무조건, 그리고 무제한 존중하고 보호해 줄 수는 없습니다. 내 돈 들여 내 집을 정성껏 높이 지어 올렸다 해도, 그 그림자가 옆집을 가려 옆집에 해가 들지 않는다면 건물을 다시 지어야 하지요. 하물며 지식재산은 땅이나 집, 물건과 같은 물질적인 재산과는 그 성격이 매우 다릅니다. 그렇기 때문에 지금처럼 무조건 특허나 지식재산권으로 권리를 보호해서는 안 됩니다. 왜 그런지 볼까요?

여러분이 밭에서 토마토를 길렀다고 해 봅시다. 그럼 그 토마토는 당연히 여러분의 소유지요. 여러분이 그것을 먹든, 팔든, 내다 버리든 전적으로 여러분의 권리입니다. 그런데 여러분이 농사를 짓다가 그 밭에 우연히 묻혀 있던 고려청자를 캐냈다면 그것도 여러분의 것일까요? 이 고려청자에 대한 권리가 누구에게 있는지 궁금하지요? 현재 우리나라 법에 따르면 고려청자의 가치를 돈으로 평가한 뒤 찾아낸 사람에게 그 절반을 보상금으로 주고 고려청자의 소유권은 국가가 갖습니다. 고려청자는 박물관에 소중히 보관되겠지요.

어떤가요? 이렇게 처리되는 게 옳다고 생각하나요? 만약 여러분이
이 법이 옳다고 생각한다면 이 법에 담긴 정신을 지지한다는 뜻이겠지
요. 바로 고려청자와 같은 문화재의 경우 어느 한 사람이 전적으로 소유
권을 가질 수 없다는 생각입니다. 왜냐면 문화재는 우리 조상들의 유산
이므로 우리 모두의 것이니까요.

지식재산도 마찬가지입니다. 모든 지식재산은 과거로부터 쌓아 온
다른 수많은 지식재산이 없으면 만들어질 수 없습니다. 에디슨이 전구
를 발명하기 위해서는 무려 2,600여 년 전 고대 그리스로까지 거슬러 올
라가야 합니다. 그리스의 철학자 탈레스가 보석의 일종인 호박을 털로
문질렀을 때 작은 지푸라기가 달라붙는 것을 보고 여기에 '전기'라는 이
름을 붙여 기록해 두었기 때문이죠. 훗날 17세기가 되어 영국의 과학자
윌리엄 길버트와 토마스 브라운이 다른 물체들 역시 호박처럼 전기를
띨 수 있음을 발견했고요.

18세기 프랑스 물리학자 샤를 뒤페는 액체를 비롯한 몇 가지를 제외
한 거의 모든 물체가 전기를 띠며, 어떤 것들끼리는 서로 끌어당기고 어
떤 것들끼리는 서로 밀어낸다는 사실을 알아냅니다. 그 뒤 과학자들은
물체를 마찰시켜 전기를 모으는 장치를 개발했고, 그 전기로 불꽃을 일
으키는 장치도 만들어 냈습니다. 뒤이어 미국의 벤자민 프랭클린은 충
전과 방전, 전기의 흐름, 양극과 음극 같은 개념들을 만들었지요. 이렇게
점점 아이디어와 발명들이 모이면서 전기에 대한 과학적인 연구와 기술
개발이 보다 빨리 이루어질 수 있었습니다.

1808년에 영국의 험프리 데이비는 탄소에 전기를 흘리면 빛이 발생
한다는 사실을 발견했습니다. 그리고 1879년, 드디어 에디슨이 면으로
된 실을 태운 필라멘트를 이용해 지금과 같은 전구를 만들었지요. 그 후

에도 전기와 전구에 관한 연구는 계속되었습니다. 1897년, 영국 캠브리지에서 일하던 제이제이 톰슨은 물리학자 조지 스토니가 발견해 '전자'라고 이름 붙인 작은 입자의 흐름이 바로 전기라는 사실을 밝혀냈습니다. 1910년 미국의 쿨리지는 텅스텐을 가늘게 만든 필라멘트를 사용해 전구의 수명을 늘렸고, 뒤이어 전구 속에 가스를 주입하는 기술도 개발되었지요. 그리고 곧 꼬불꼬불한 모양의 필라멘트가 개발되어 오늘날에 이르렀습니다.

에디슨은 전에 없던 것을 만들어 내지 않았습니다. 이미 있던 것들을 고치고 더해서 새로운 발명품을 만들어 냈을 뿐입니다. 에디슨만 전구를 만들었던 것도 아닙니다. 헨리 우드워드, 메튜 에반스, 모제스 파머, 조지프 스완, 윌리엄 소여, 하인리히 괴벨 등 수많은 사람들이 전구를 만들었지요. 에디슨만이 특허를 냈을 뿐입니다.

현재의 지식재산은 과거부터 축적되어 온 지식 유산이 없다면 있을 수 없습니다. 만유인력을 발견한 위대한 과학자 뉴턴 역시 이를 잘 알고 있었기 때문에 자신의 업적을 칭송하는 사람들에게 "내가 남들보다 조금 더 멀리 볼 수 있었던 것은 거인의 어깨 위에 서 있기 때문이다."라고 말했습니다. 앞서 노력한 과학자들이 있었기에, 자신의 업적이 그들의 노력에 크게 빚지고 있다는 사실을 뉴턴은 잘 알았던 것입니다. 사과가 떨어지는 것은 누구나 볼 수 있는 것이지만, 뉴턴이 앞선 과학자들의 업적을 배우고 익히지 못했더라면 만유인력의 법칙도 생각해 낼 수 없었을 테니까요.

이 말은 모든 지식재산에 적용됩니다. 그럼에도 불구하고 어떤 사람이나 회사가 남보다 조금 빨리 특허를 따냈다고 그 사람과 기업에게 독점적인 권리를 보장해 주는 것은 잘못된 일입니다. 에디슨도 그런 사실을 잘 알고 있었습니다. 다른 많은 전구 중 에디슨의 전구가 값이 싼 데다 오래가서 널리 팔기에 알맞았기에 이를 특허로 보호받아 돈과 명예를 얻었지만, 늘 "나는 나 이전의 마지막 사람이 멈추고 남겨 놓은 것에서 출발한다."라고 말했었지요.

그렇기에 특허를 따냈다고 해서 특허권을 가진 개인이나 회사가 모든 권리를 가져가서는 안 됩니다. 단지 특허를 냈다는 이유만으로 모든 이익을 가져간다는 것은 앞선 사람들의 노력을 무시하는 일이니까요.

문제는 또 있습니다. 생각해 보세요. 물질재산과 달리 지식재산은 아무리 많은 사람이 공유해도 전혀 닳거나 줄어들지 않습니다. 그렇기 때문에 물건이나 땅, 건물의 소유권을 보호하는 것과는 다른 방식으로 그 권리를 보호하는 게 당연합니다. 주위를 둘러보면 많은 사람들이 이미지를 수정하고 편집하는 프로그램을 불법으로 내려받아 사용합니다. 물론 엄연히 소유권이 보장된 프로그램을 불법 다운로드하는 것은 잘못된 일입니다. 그러나 그 프로그램을 사용해 돈을 버는 전문가가 아닌 학생이나 평범한 일반인들도 자주 쓰는 프로그램을, 게다가 얼마든지 복제가 가능한 프로그램을 백만 원 가까이 되는 가격으로 판매하는 것도 문제가 있지 않을까요? 자기들의 욕심만 챙기려는 태도가 사람들에게 불법을 저지르고픈 유혹을 더 강하게 느끼게 만드는 건 아닐까요?

특허를 통해 엄청난 사용료를 정해 챙겨 받아도 어쩔 수 없이 따라야 하는 지금의 제도가 오히려 불법 다운로드를 부추기고 있는지도 모릅니다. 지식재산을 독점해 과도한 이익을 얻으려는 탐욕이 잘못된 문화를 만들어 낸 것이지요.

그리스 신화 속 거인의 어깨 위에 올라 탄 세달리온을 묘사한 그림. 1400년 경, 작자미상.

카피라이트 No, 카피레프트 Yes!

다시 사고실험을 해 봅시다. 지식재산권을 보호하지 않는 '카피레프트' 나라, 지식재산권을 철저하게 보호하는 '카피라이트' 나라, 이렇게 두 나라가 있다고 해 봅시다. 그리고 이번에도 역시 여러분은 지적 창조물을 만들어 내는 데 관심도 능력도 없는 사람입니다. 그럴 경우 여러분은 어떤 나라에서 사는 게 더 이익일까요?

카피레프트 나라에서는 모든 지식재산을 부담 없이 마음껏 사용할 수 있지만, 카피라이트 나라에서는 꼭 필요한 지식재산인데도 엄청난 사용료를 내야 하니까 불법을 저지르지 않으면 필요할 때 마음대로 사용할 수 없습니다. 따라서 10년만 살 계획이라면 카피레프트 나라가 훨씬 더 살기 좋은 나라이지요. 그런데 긴 시간이 흐르면 어떻게 될까요?

시간이 아무리 흘러도 역시 카피레프트 나라가 더 살기 좋은 나라가 됩니다. 왜인지 볼까요? 카피라이트 나라에서는 인재들이 자기 혼자 특허를 등록해 돈벌이를 할 생각에 골몰하느라 다른 사람과 협동을 안 하려 듭니다. 또 한시라도 빨리 특허를 등록해야 하기 때문에 긴 시간이 필요한 연구를 피하게 되고, 꼭 필요하지만 돈벌이가 되지 않는 기초과학 연구 역시 피하게 됩니다. 때문에 돈벌이가 되는 과학기술만 발전하게 됩니다.

반면에 카피레프트 나라에서는 언제나 지식을 공유하는 문화 덕분에 협동 연구가 더 활발해지고, 그로 인해 많은 사람들의 아이디어가 모인 혁신적인 기술과 정보가 더 많이 쌓여 갑니다. 꼭 필요한 지식, 꼭 필요한 연구가 외면받는 일도 없기 때문에 다양한 과학기술이 골고루 풍요롭게 발전하게 되지요. 내가 딱 10년만 살 계획이건 자식을 낳고 오래오래 살 계획이건, 이래저래 카피레프트 나라가 더 살기 좋은 나라인 것입니다. 만드는 사람에게 아무 대가가 돌아가지 않는데 누가 새로운 기술을 개발하겠느냐고요? 그렇지 않습니다. 세상에는 자신의 기술을 아무 대가 없이 세상에 공개하는 과학자나 자신의 작품을 무료로 감상할 수 있게 하는 예술가들이 얼마든지 존재합니다.

1989년, 유럽입자물리연구소의 연구원이었던 영국의 팀 버너스 리 박사는 전 세계의 과학자들이 인터넷에서 자유롭게 의사소통할 수 있는 시스템을 개발합니다. 바로 월드 와이드 웹(World Wide Web)이라고 불리는 프로그램이지요. 우리가 인터넷 주소 앞에 붙이는 'www'가 탄생한 것입니다. 이에 팀 버너스 리의 동료들은 큰돈을 벌 테니 특허를 내라고 권유했습니다. 그러나 그는 1993년 모든 기술을 공개하고 어떤 특허도 권리도 주장하지 않았습니다. "인류의 행복을 위해서"였지요. 그리고 그의 말대로 인류는 인터넷을 통해 즐거움과 행복을 느끼고 있습니다. 그뿐 아니라 그가 공개한 기술을 바탕으로 인터넷은 더욱 발달해 오늘날에 이르고 있지요.

다른 사례를 볼까요? 소아마비는 폴리오 바이러스가 팔과 다리를 마비시켜 평생을 휠체어와 목발에 의지할 수밖에 없게 만드는 무서운 병입니다. 1952년, 미국의 조너스 소크 박사는 이렇게 무서운 소아마비를 막을 수 있는 백신을 개발하고도 특허를 내지 않았습니다. 덕분에 소아마비 백신은 전 세계 어디서나 100원 정도의 돈만 내면 구할 수 있게 되었고, 소아마비는 환자는 순식간에 줄어들었지요.

이와는 달리 사람들이 특허를 이용해 큰돈을 벌려고만 하면 세상이 어떻게 될까요? 에이즈를 치료하는 데 드는 약값은 한 달에 300∼700달러(우리 돈으로 약 30만∼80만 원)나 된다고 합니다. 에이즈 치료약이 특허로 보호받고 있기 때문이지요. 그런데 에이즈 환자가 가장 많은 아프리카에는 하루에 채 1달러도 못 버는 사람이 수두룩합니다. 때문에 인도

에이즈 환자는 에이즈 바이러스 때문이 아니라 백신 특허 때문에 값이 비싸진 에이즈 치료제를 살 돈이 없어 죽어 간다.

에서는 성분은 똑같지만 특허가 없는 복제약을 만들어 20달러에 팔아 왔는데 제약 회사들이 특허를 침해했다고 소송을 걸어 더 이상 복제약을 만들지 못하고 있습니다. 이 회사들은 태국에서 자기들이 만든 에이즈 치료제를 국민들에게 싼 값에 주려 한다는 이유로 태국의 보건부 장관에게도 소송을 걸었다고 합니다.

결국 특허는 탐욕의 다른 이름입니다. 아픈 사람을 치료하는 약인 백신에 대한 특허는 '황금알을 낳는 거위'가 된 지 오래입니다. 선진국의 제약회사들은 독감 백신, 에이즈 백신을 비롯해 각종 질병을 치료하고 예방할 수 있는 바이러스를 찾아내 속속 특허를 따내고 있습니다. 백신이 특허로 보호받기 때문에 제약회사들은 백신의 가격을 얼마든지 높게 부를 수 있지요. 그 백신이 아니면 안 되니까요. 때문에 당장 약이 필

전 세계의 씨앗들을 수집하여 보관하는 종자 은행. 지구에는 30만 종의 종자가 있고 이 중 인류가 식량으로 이용하는 것은 약 280여 종이다.

요한 전 세계 가난한 어린이들은 백신을 구경도 못한 채 죽어 가고 있습니다. 꼭 필요한 의약품이 특허 때문에 죽어 가는 환자의 손에 쥐여지지 못하는데도 특허가 세상을 발전시킨다고 말할 수 있을까요?

백신뿐만이 아닙니다. 미국과 유럽에서 크리스마스트리로 가장 인기 있는 나무의 고향은 바로 우리나라입니다. 한라산과 지리산에서 자라 던 우리나라 소나무인 구상나무를 일제 강점기에 외국인들이 가져간 것 이죠. 그리고 자기들 마음대로 특허를 내서는 비싼 값을 받고 전 세계에 팔고 있습니다. 수수꽃다리라는 이름의 라일락도 마찬가지입니다. 우리 나라 토종 나무지만 특허를 외국이 갖고 있기 때문에 우리나라에 심으 려 해도 외국에 사용료를 내야 합니다. 이렇게 우리나라 토종이지만 외 국에 특허가 있는 식물이 367개 종이나 된다고 합니다. 현재 선진국의

132

기업들은 전 세계 여러 나라에서 엄청나게 많은 씨앗들을 모으고 있습니다. 그런 다음 그 씨앗을 상품으로 개량해 특허를 따내고 있지요.

이런 식물 특허는 과연 정당한 것일까요? 식물의 유전자는 오랜 진화의 과정을 통해 형성된 것입니다. 그런데 이 식물을 상품으로 특허를 냈다고 해서 심을 때마다 그 기업에 돈을 내야 할까요? 더구나 지금처럼 선진국들이 식물 특허를 독점해 버리면 어떻게 될까요? 아프리카나 남미처럼 과학기술의 발달도 늦고 특허에 대한 지식도 없는 나라 사람들은 오랫동안 아무 문제없이 심고 기르던 자기 나라의 식물들에 대해 어느 날 갑자기 어마어마한 사용료를 내야 할 것입니다.

모두가 골고루 잘사는 세상을 위하여

이처럼 지식재산을 보호하자고 목소리를 높이는 사람들은 모두 욕심쟁이들뿐입니다. 특허나 지식재산을 보호하면 모두가 더 잘살게 된다고 하지만, 뒤늦게 사회를 발전시켜야 할 후발주자인 개발도상국들은 선진국들이 곳곳에 박아 놓은 특허라는 말뚝을 피해 가느라 오히려 개발 속도가 더욱 더뎌지고 있습니다. 대기업을 따라잡아야 하는 중소기업의 경우도 마찬가지입니다. 어마어마한 특허 비용과 소송에 드는 돈 때문에 제대로 기술을 개발할 수가 없습니다.

최근 들어 특허 분쟁은 더욱 심해지고 있습니다. 스마트폰의 둥근 모서리 디자인처럼 닥치는 대로 특허를 남발하는 대기업들 때문이지요. 이렇게 되면 언제나 승리자는 강자입니다. 작은 기업들은 어마어마한 소송 비용을 댈 능력도 없고, 소송이 진행되는 동안 다른 기술을 개발할 여유도 없으니까 대기업에 끊임없이 발목을 잡힙니다. 어떤 대기업들은 '연구 개발'에 투자하는 비용보다 '기술 특허권 확보'에 쏟는 비용이 더 많다고 할 정도라지요. 모두가 함께 잘살기보다 특허를 독점해 자신들만 돈방석에 앉으려는 거나 다름없습니다. 결국 특허나 지식재산을 보호하는 일은 사회를 발전시키지 못합니다. 그런 제도는 지금 지식과 기술을 가진 선진국의 이익은 보호하겠지만, 나머지 사람들한테는 높은 사용료를 내도록 만들어 부자 나라는 계속 부자 나라로, 가난한 나라는 계속 가난한 나라로 남게 만들 뿐입니다.

때문에 지식재산에 대한 권리를 몇몇 사람이나 기업에게만 보장해 주는 대신 모두가 함께 나누어야 합니다. 그렇게 되면 훨씬 더 많은 사람이 골고루 이득을 보게 될 것이고, 이를 바탕으로 사람들이 더욱 자유롭게 창의적인 아이디어로 기술을 만들어 내 인류는 크게 발전할 것입니다.

● 다음 쟁점에 대하여 자신의 입장을 정하고 근거를 제시해 봅시다.

> **쟁점 ❶** | 공부든 일이든 대가가 따라야 더 좋은 결과를 얻을 수 있다.

입장 :

근거 :

> **쟁점 ❷** | 발명품이나 기술에 특허를 주는 기술특허와 의약품이나 씨앗에 특허를 주는 생명특허는 서로 다르다.

입장 :

근거 :

> **쟁점 ❸** | 특허와 지식재산권을 강하게 보장할수록 과학기술이 더 많이 발전한다.

입장 :

근거 :

● 다음은 여러분이 평소에 자주 사용하는 물건들입니다. 이 물건들을 만들기 위해 어떤 기술들이 필요할지 생각해 봅시다.

볼펜, 책상, 핸드폰, 가방, 운동화, 로션

예) 볼펜 : 잉크를 만드는 기술, 펜촉을 만드는 기술, 플라스틱 케이스를 만드는 기술

바퀴의 발명에서 스마트폰까지

우리 조상들은 생존에 필요한 물건을 직접 만들어 사용했습니다. 인간의 역사는
더 편리하고 더 행복한 생활을 위해 쉬지 않고 발견하고 발명해 온 역사지요.
특허와 지식재산은 이런 발견과 발명을 보호하는 제도랍니다.

필요는 발명과 발견의 어머니

발명은 없던 것을 새로이 만들어 내는 것을 말하고 발견은
이미 존재하고 있던 것을 우연히, 또는 끈질긴 탐구 끝에
찾아내는 것을 말합니다. 석유와 페니실린은 발견된 것
이고, 냉장고와 기차는 발명한 것이지요. 하지만 발견이
발명을 낳기도 하고 발명이 다시 새로운 발견을 불러오기
도 합니다.

그중에서도 발명의 기원은 아주 오래되었습니다. 바퀴나 바
늘처럼 지금에는 너무나 익숙한 물건도 사실은 수천 년 전의 놀
라운 발명품입니다. 필요한 것을 마트에서 바로바로 살 수 있는 세상은 이
제 겨우 몇십 년 되었을 뿐, 지난 수만 년, 수천 년의 시간 동안 인간들은 필요한
것을 직접 만들어 써야 했지요. 필요는 발명의 어머니가 될 수밖에 없었습니다.
아주 느리게 흘러가던 발견과 발명의 역사는 근대과학이 본격적으로 발전하기
시작한 16세기와 17세기에 점점 가속도가 붙더니, 18세기에 폭발적으로 발전했
지요. 그리고 19세기에 지금 우리가 쓰는 편리한 물건들이 탄생했습니다.

꿈이 발명을 꽃피운다

중요한 것만 꼽아 보아도 1750~1800년에는 옷감을 짜는 방적기와 증기기관이
발명되었고 1800~1850년에는 사진, 발전기, 자전거, 전신 기술이 발명되었습

니다. 1850~1900년에는 전깃불, 다이너마
이트, 전화, 녹음기, 자동차, 화학 물감, 철강
기술이 발명되었으며, 지난 백 년 동안 비행기,
영화, 텔레비전, 로켓, 원자폭탄, 컴퓨터, 레이저, 우주 기술이 발명되었지요.
예전에 발명가는 그저 꿈만 꾸는 몽상가였습니다. 시대를 앞서 가며 다른 사람
이 전혀 생각지도 못했던 것을 상상해 냈지요. 대표적인 몽상가였던 레오나르도
다 빈치의 노트에는 비행기, 헬리콥터, 탱크, 권총, 낙하산, 잠수복의 스케치가
가득하다고 합니다. 이 중 실제로 만들어진 것은 없지만, 기껏해야 16세기에 이
미 이런 것들을 상상해 냈다니 놀라울 따름입니다. '발명' 하면 에디슨이 떠오르
지요? 에디슨 이전에 발명은 혼자 구상해 보고 마는 것이었습니다. 그런데 에디
슨은 처음으로 발명을 사업으로 발전시켰습니다. 한 번 만들고 끝이 아니라 대
량으로 생산해 사람들에게 판 것이지요. 150명의 연구자가 일하던 에디슨의 연
구소에서는 55년간 1000개가 넘는 발명품으로 특허를 따냈다고 합니다.

누가 무엇을 발명하고 있나?

발명가가 자신의 아이디어에 대한 권리를 보장받으려면 특허를 받아야 합니다.
최초의 특허는 이탈리아 피렌체에서 대성당을 지은 필리포 브루넬레스코가 발
명한 대리석을 높은 곳으로 운반하는 장치에 준 것입니다.
오늘날 발명과 발견은 곧 특허를 내는 것입니다. 이미 누군가 특허 등록을 해 놓
았거나 특허를 받기에 모자란다는 이유로 특허청에서 특허를 내주지 않으면 자
기가 아무리 새롭고 놀라운 발명과 발견을 해도 아무 소용이 없습니다.
어느 나라가 특허를 가장 많이 냈는지 보여 주는 국제 특허출원 수를 보면, 2012년
의 경우 미국, 일본, 독일, 중국이 1등부터 4등을 차지하며, 우리나라는 그다음인
5등을 차지했습니다. 분야별로 살펴보면 '컴퓨터와 주변 기기'에 관한 특허가 전
세계 특허의 거의 3분의 1이나 된다고 해요. 그다음엔 자동차, 가전제품, 식품에
관한 특허가 뒤를 따른다고 합니다. 또 의료기술과 의료기기, 치료약과 백신에
관한 특허가 가장 빠른 속도로 늘어나고 있다고 하고요.
여러분도 어른이 되어 이 흥미진진한 발명과 발견의 역사에 힘을 보태어 보면 어
떨까요?

05
과학과 종교는
싸울 수밖에
없을까?

● ● ● 신이 등장하는 이야기는 모두 과학 교과서에 비추어 볼 때 마치 거짓말 같을 정도로 환상적인 이야기들뿐입니다. 그래서인지 과학과 종교는 정반대인 것만 같지요. 옛사람들은 이해할 수 없는 자연 재해나 전염병이 일어나면 신이 벌을 내리는 것이라고 믿어 왔지만, 이제는 왜 일어나는 것인지 '과학적으로' 설명할 수 있게 되었습니다. 과학이 발달할수록 종교의 설 자리는 점점 좁아지는 것만 같은데요, 그런데 정말 과학과 종교는 대립할 수밖에 없을까요? 전혀 화해할 수 없는 사이일까요?

●

그래,

과학과 종교는 달라도 너무 달라

●

아니야,

과학과 종교는 화해할 수 있어

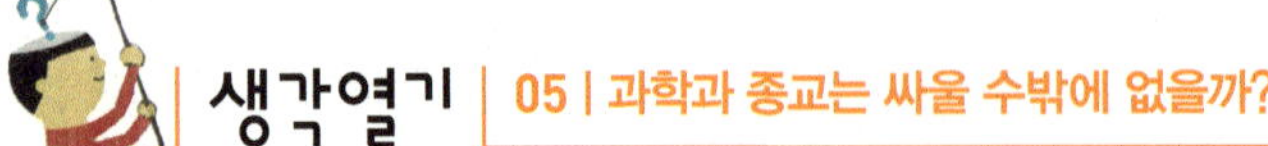

갈릴레이는 감옥에 갇히고 고문을 당하면서도 "그래도 지구는 돈다."라고 주장했고, 콜럼버스는 신대륙을 발견하여 지구가 둥글다는 말에 코웃음 치던 성직자들의 코를 납작하게 눌러 버렸습니다. 다윈은 진화론을 이야기하며 수십 년간 지켜 왔던 자신의 신앙을 버렸죠. 역사 속 이야기처럼 과학과 종교는 정말 서로 싸울 수밖에 없는 걸까요?

"예수천국, 불신지옥! 예수천국, 불신지옥!"

누군가의 외침에 지하철 안 승객들의 눈이 일제히 한곳을 향했다. 정장 차림의 노인 한 분이 외치는 소리였다.

"예수천국, 불신지옥! 예수천국, 불신지옥!"

노인은 한 손으로 성경책을 높이 들고 목에는 작은 글자들이 빽빽이 적힌 피켓을 걸고 있었다. 잠시 발걸음을 멈춘 노인은 승객들을 둘러보며 몇 차례 더 똑같은 소리를 외쳤다. 목소리에 잔뜩 쇳소리가 섞인 것을 보니 얼마나 오랫동안 그러고 있었는지 짐작이 갔다.

승객들은 일부러 외면하면서 짜증스런 표정을 짓기도 하고, 신기한 듯 쳐다보기도 했다. 노인은 승객들의 시선에 아랑곳하지 않고 작은 전단지를 한 장 한 장 나눠 주었다. 반짝반짝 광이 나는 검은 구두, 반듯하게 묶인 넥타이. 정신적으로 문제가 있는 사람 같지는 않아 보였다. 종찬이는 노인이 지하철 다음 칸으로 옮겨 갈 때까지 노인의 뒷모습을 계속 응시했다. 옆자리에 있던 진호가 말했다.

"저런 사람들 보면 진짜 짜증나. 믿고 싶으면 자기 혼자 조용히 믿을 것이지, 왜 지하철 안에서 저렇게 떠드는 거냐고. 잡상인 단속하듯이 단속해야 해."
진호의 말에 종찬이는 싱긋 웃으며 동감을 표시했다.
지하철에서 내려 출구 계단 앞에 이르렀을 때였다. 승복을 입은 스님 한 분이 목탁을 치며 염불을 외우고 있었다. 앞에는 모금함으로 보이는 상자가 놓여 있는 것이 시주를 받는 것 같았다. 지하철 출구 밖으로 나섰을 때 진호가 한마디했다.
"부처님이 저렇게 하라고 가르쳤을까? 그럴 리 없어. 아마 가짜 중일걸. 저럴 시간이 있으면 열심히 도나 닦을 것이지. 아무튼 아까 지하철 안에서 떠들던 할아버지도 그렇고, 종교가 문제야. 과학이 이렇게 발전한 세상에 아직도 저런 사람들이 있다는 게 신기해. 안 그러냐?"
종찬이는 이번에는 진호의 말에 수긍하지 않았다.
"저런 몇 가지 모습들만 가지고 종교를 판단하면 안 돼. 종교도 종교 나름이야. 미신을 쫓아내는 종교도 있다고. 너 알지? 우리 학교 과학 선생님들 중에도 종교를 가진 분들이 있잖아."
실제로 진호와 종찬이네 학교 생물 선생님은 불교 신자이고, 천문대에서 일하시는 종찬이의 아버지는 독실한 기독교 신자이다. 하지만 진호는 이에 반박하듯 말했다.
"그건 드문 일이고. 종교는 과학이 발전하는 데 방해만 돼. 갈릴레이 재판 알지?"
"그렇지만 유전법칙을 발견한 멘델은 과학자이면서 동시에 성직자였어. 과거에도 그랬고 현재도 과학자이면서 종교에 독실한 사람들이 많아. 종교가 꼭 과학 발전을 방해하는 건 아니라고."

그래!
과학과 종교는 달라도 너무 달라

종교는 과학의 방해꾼

종교는 과학에 아무 도움이 되지 않습니다. 유명한 갈릴레이 재판만 봐도 그렇고, 오늘날까지 과학이 종교적 믿음을 무너뜨린다며 거부하는 사람들을 봐도 그렇습니다. 최근에는 한 종교 단체에서 과학 교과서에 자신들이 믿는 종교와 다른 내용이 실려 있으니 빼 달라고 요청하는 황당한 일도 일어났습니다.

물론 종교가 과학에 도움이 되지 않는다고 해서 종교를 없애자는 것은 아닙니다. 종교가 인간의 삶에 중요한 역할을 하던 시절도 있었지요. 과학적 지식이 부족했던 옛날에는 종교가 자연 현상이나 사회 현상에 대해 오늘날의 자연과학과 사회과학이 하듯이 나름대로 납득할 만한 설명을 해 주었으니까요.

움막에서 겨우 비바람을 피하고 간신히 먹을 것을 찾아 헤매던 원시인들이 과학적인 생각을 하기는 힘들었을 거예요. 인류는 살아남기 위해 자연에 있는 것들을 관찰하고 숱한 시행착오를 거치며 경험과 지식을 차곡차곡 모았습니다. 먹어도 되는 열매와 먹지 말아야 할 열매를 구분했고, 다친 동물이 풀을 찾아 먹는 것을 보고 약초를 찾아내기도 했으며, 흙을 물에 빚어 불에 구우면 단단히 굳어지는 것을 보고 토기를 만들어 쓰기 시작했고, 불 속에 들어있던 흙덩이나 돌덩이에서 구리나 주석이 녹아 나오는 것을 발견하고 금속을 가공하는 법을 개발했지요.

하지만 한꺼번에 마을을 휩쓸고 지나가는 홍수, 벼락이 떨어져 활활 타오르는 산불과 같은 자연에 대한 두려움이 가시지는 않았을 것입니다. 폭풍이 불고 천둥번개가 치고 화산이 폭발하고 땅이 갈라지면 왜 이런 일이 일어나는지 아무리 생각해도 알 수 없었겠지요. 우리 조상들은 도무지 이해할 수 없는 이런 현상들을 설명하기 위해 종교를 만들었습니다. 전염병이 돌거나 자연재해가 닥치면 이런 재앙이 다 하늘의 분노를 사서 그런 것이라고 생각했지요. 그래서 주술사와 함께 신에게 기도를 하고 용서를 빌면 이런 재앙들이 사라질 것이라고 믿었습니다.

처음엔 태양과 동물에게, 또 나무와 돌에게 기도를 했습니다. 그리고 사회가 점점 발달하면서 세상의 처음과 끝, 인간의 역사와 우리 주변에서 일어나는 모든 일을 하나의 신으로 설명해 주는 고등종교■가 등장했지요. 그러나 믿는 대상이 달라지고 설명만 복잡해졌을 뿐 이해할 수 없는 자연 현상을 신과 연관 짓는 것은 그대로였습니다.

●●●●●●**고등종교**
토테미즘, 샤머니즘, 마나이즘 등의 원시종교에서 발달한 종교를 의미한다. 기독교, 불교, 이슬람교, 유교와 같이 오늘날 '종교' 하면 흔히들 떠올리는 것들이 바로 고등종교이다. 각 부족마다 믿는 신이 달랐던 원시종교와 달리 고등종교는 집단이나 민족을 넘어 모든 인류를 위하며, 인간이라면 누구나 지켜야 할 가치들을 가르친다. 그 가르침이 세월이 지나도 변하지 않도록 경전을 만들어 기록해 놓았으며, 가르침을 실천하기 위해 그 대가가 당장 눈앞에 보이지 않더라도 내면을 늘 갈고 닦는 것이 모든 고등종교들의 공통점이다.

유럽에서는 중세 시대에 전염병이 돌아 수많은 사람들이 죽어 나가곤 했습니다. 그럴 때마다 성직자들은 이렇게 말했습니다. 우리들이 타락했기 때문에 신의 분노를 사서 이런 재앙이 닥쳤다고. 원시 시대의 주술사들이 하던 말과 똑같지요? 그러면서 우리가 신의 분노를 샀으니 모두 교회에 모여 신에게 기도로 용서와 자비를 빌어야 한다고 말했습니다. 겁에 질린 사람들은 모두 교회로 모여들었고요. 결과는 어떻게 되었을까요? 신의 자비로 병이 낫기는커녕 많은 사람들이 모여든 탓에 전염병은 더 빨리, 더 널리 퍼지게 되었지요.

종교가 지배하던 시대에 벌어진 어처구니없는 일은 또 있습니다. 극심한 가뭄이 들거나 원인을 알 수 없는 병이 돌면 그때마다 종교재판을 열어 애꿎은 사람들에게 죄를 물었지요. 중세의 종교재판은 오늘날의 눈으로 볼 때 도저히 믿기 힘들 만큼 충격적이었습니다. 산 채로 팔다리를 절단한 뒤 교수대나 다리 위에 매달아 두는 것은 기본이요, 과부나 혼자 사는 노파와 같이 기댈 곳 없는 여자들을 말도 안 되는 이유로 마녀로 몰아 잡아들이고는 엉터리 재판을 거쳐 불에 태워 죽이는 마녀 사냥도 곳곳에서 벌어졌습니다. 천재지변이나 전염병의 원인을 모르니까 불안한 마음이라도 달래기 위해 죄 없는 희생자를 만들어 잔인하게 죽였던 것입니다. 만약 사람들이 조금이라도 과학적으로 생각할 수 있었다면 그런 짓을 했을 리가 없습니다. 이런 끔찍한 일들은 모두 종교가 지배하던 사회였기 때문에 일어날 수 있었습니다.

여러분은 갈릴레이가 왜 재판을 받고 감옥에 갇히고 고문을 당했는지 정확히 알고 있나요?

유럽 사람들은 오랫동안 태양과 달을 포함해 하늘에 떠 있는 수많은 별들이 모두 지구를 중심으로 돈다고 믿었습니다. 지구가 세상의 중심이라는 생각이지요. 그리고 세상의 중심인 지구에서도 가장 중요한 중

심은 바로 신의 대리인인 교황이 다스리는 로마 교황청이라고 믿었습니다. 결국 교황청은 온 우주의 중심이므로, 로마 교회는 이 세상을 가톨릭의 교리에 따라 마음대로 다스려도 되었습니다. 우주가 지구를 중심으로 돈다는 천동설은 이처럼 교회가 세상을 지배할 수 있는 중요한 근거였던 것입니다.

그런데 16세기 중반, 천문학자 코페르니쿠스는 "만물의 중심에는 태양이 있고, 별들의 무리는 태양을 빙글빙글 돌고 있다."라는 혁명적인 사실을 발견합니다. 이런 이야기를 공공연히 했다가는 바로 종교재판을 받았겠지만, 코페르니쿠스는 가톨릭 신부였던 데다 이 사실을 알렸을 때 교회의 분노를 살 것이 두려웠기에 죽기 직전에나 이런 사실을 담은 책을 살짝 펴냈을 뿐이었습니다. 그러고는 '신의 놀라운 창조 설계에 대

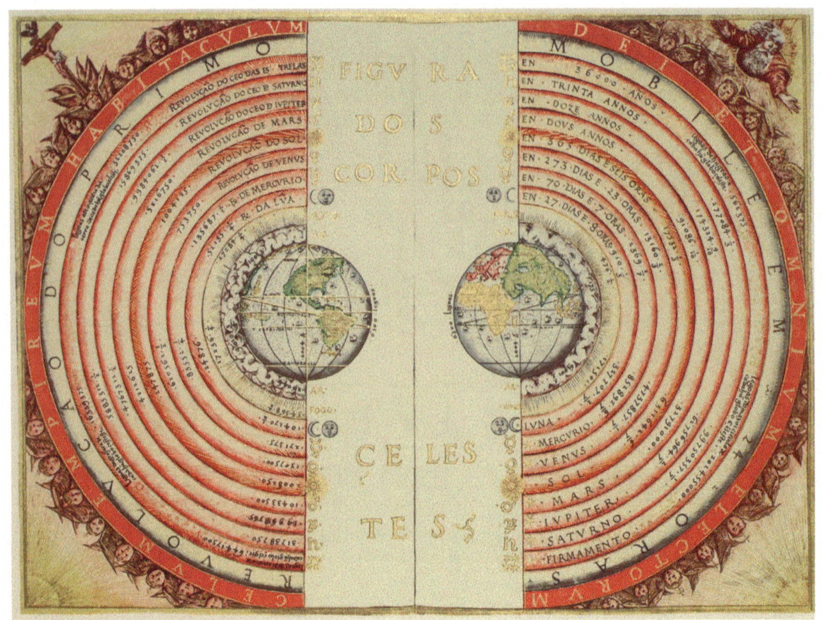

16세기 지도 제작자 바르톨로메가 그린 천동설 그림. 지구가 우주의 중심이며 태양은 금성과 화성 사이에서 지구를 돌고 있다고 믿었다.

한 새로운 발견'이라는 말로 자신의 발견을 대충 얼버무린 뒤 세상을 떠나 조용히 교회 무덤에 묻혔습니다. 하지만 곧 코페르니쿠스의 책 『천구의 회전에 관하여』는 교황청의 금서 목록에 올라갔지요. 가톨릭을 믿는 사람이라면 그 누구도 펴내서도 팔아서도 읽어서도 안 되었던 것입니다.

오랫동안 묻혀 있던 코페르니쿠스의 지동설은 이탈리아의 철학자이자 수도사였던 조르다노 부르노에 의해 다시 빛을 보게 되었습니다. 브루노는 안 그래도 교회를 거세게 비판해 미운털이 박혔던 사람이라 지동설을 꺼내자마자 종교재판을 받고 로마의 캄포 데 피오리 광장에서 많은 사람들이 지켜보는 가운데 산 채로 불태워지고 말았습니다. 이럴 정도였으니 갈릴레이가 더 정확한 근거로 지동설을 주장하자 가만히 내버려 둘 리 없었던 것이지요.

이처럼 과학이 종교의 틀에 갇혀 있던 중세 시대는 암울하기만 했습니다. 인류의 역사에 어떤 발전도 없는 캄캄한 시기였지요. 그러나 르네상스 시대와 종교개혁을 거치면서 다행히 과학은 종교의 구속에서 차츰 벗어날 수 있었습니다. 그리고 드디어 실험을 통해 모든 것을 직접 증명하고 이를 수학적, 논리적으로 설명하는 근대과학이 탄생했습니다.

과학이 발전하면서 사람들은 점차 종교에 덜 의존하게 되었고, 교회가 자연 현상에 대해 설명하는 말을 전처럼 무조건적으로 믿지 않게 되었습니다. 점점 더 많은 사람들이 과학적 지식을 알게 되면서 자연 현상을 과학적으로 설명하는 말에 귀를 기울이기 시작한 것이지요. 전염병은 신의 분노가 아니라 바이러스나 세균 때문에 일어나며, 물과 공기를 통해, 또 사람들의 손에서 손으로 옮겨진다는 것을 발견했습니다. 그래서 전염병이 돌면 손을 깨끗이 씻고 사람이 많이 모이는 공공장소를 피하며 백신과 치료약으로 병을 예방하고 치료하기 시작했습니다. 인간을 괴롭히는 질병의 진짜 원인이 무엇인지 과학적으로 이해했기 때문에 병에 걸리면 기도를 하거나 성직자한테 도움을 요청하는 게 아니라 병원에 가서 의사의 진단을 받고 병에 알맞은 치료를 받게 된 것입니다.

물론 아직까지 정확한 원인이 밝혀지지 않은 난치병들도 많고, 과학적으로 정확하게 설명하기 힘든 자연재해도 있습니다. 그래서 아직도 이런 일들을 종교적으로 받아들이는 사람들이 간혹 있지요. 정신질환을 앓는 사람을 두고 마귀가 씌어서 그렇다고 하거나, 쓰나미가 섬 전체를 휩쓸면 신의 분노를 사서 그렇다고 하는 사람들 말입니다. 그러나 이제는 초등학생도 이런 주장이 터무니없다는 것을 잘 압니다. 게다가 과학이 점점 발전하면서 과학적으로 설명할 수 없는 부분도 점점 줄어들고 있지요. 쓰나미는 바다 밑에서 일어난 지진이나 바다 속 화산 폭발에 영향을 받아 일어난다는 것이 밝혀졌고, 원인을 알 수 없는 정신질환도 대부분 뇌 속의 신경 회로에 이상이 생기기 때문임을 알아내고 있으니까요.

무조건 의심하라 vs 무조건 믿으라

갈릴레이는 지구가 태양 주위를 어떻게 돌고 있는지, 온 우주에 흩어져 있는 별들이 어떤 규칙에 따라 움직이는지 알고 싶었습니다. 그래서 먼저 망원경을 만들어 하늘을 바라보았습니다. 뉴턴은 이 세상 만물이 어떤 원리에 따라 운동하는지 알고 싶었습니다. 그래서 사과가 나무에서 떨어지는 것을 관찰하고 미끄러운 바닥에 공을 굴려 보았습니다.

과학은 실험과 관찰에서부터 시작합니다. 수없이 실험하고 관찰하고 계산하고 기록하면 아무리 어렵고 복잡해 보이는 문제도 틀림없이 풀 수 있습니다. 어떤 이론이 아무리 그럴싸해 보여도 실험과 관찰로 확인할 수 없으면 아무 소용이 없습니다. 어떤 근거로 그 말을 믿을 수 있겠어요? 또 여러 번의 실험과 관찰로 어떤 이론을 세웠다고 해도 그 이론을 반박하는 이론이 새로 나오면 그 이론을 버리고 새로운 이론을 받아들여야 합니다. 과학은 확실한 근거를 바탕으로 이론을 세우기도 하고 원래 있던 이론을 뒤집기도 합니다. 자신의 생각을 무조건 고집하지 않으며 새로운 사실이 발견되면 주저하지 않고 앞으로 나아가지요.

때문에 과학에서 가장 중요한 것은 충분한 근거를 모으는 일과 끊임없이 의심하는 일입니다. 의심하고 또 의심하는 것은 과학의 가장 훌륭한 미덕입니다. 사람들이 너무나 당연하다고 믿었던 천동설도 과학자들이 끊임없이 의심하고 결정적인 증거들을 모은 결과 지동설에 무릎 꿇을 수밖에 없었지요. 이런 반전 드라마는 과학의 세계에서 늘 벌어져 왔고, 또 앞으로도 계속 벌어질 것입니다.

148

과학은 지금 우리들이 배우는 과학 교과서에 나오는 지식들도 과연 믿을 만한지 의심해 보라고 가르칩니다. 공식이나 원리를 공부는 해야겠지만 이것이 절대 변하지 않는 진리라고 믿을 필요는 없지요. 과학은 이렇게 새로운 생각들을 통해 혁신을 거듭하면서 발전하고, 과학이 발전함에 따라 인류의 역사도 발전해 왔습니다.

그러나 종교는 정반대입니다. 과학의 세계에서 미덕인 것이 종교의 세계에서는 악덕으로 취급됩니다. 종교가 있는 사람이라면 잘 알겠지만, 종교가 가르치는 것을 의심해서는 안 됩니다. 종교에서 의심은 용서받을 수 없는 가장 나쁜 태도지요. 경전에 나오는 내용에 대해서 "왜?"라는 질문을 품는 대신 일단 믿어야 칭찬을 듣습니다.

게다가 우리들이 배운 과학 지식에 비추어 이해가 안 되거나 말도 안 되는 이야기들이 경전에 나와도 의문을 가지지 말고 모두 기적으로 받아들이라고 가르칩니다. 고개를 갸우뚱하면 믿음이 부족하다고 나무라면서, 이해하려 하지 말고 일단 믿으면 모든 것이 이해될 거라고 다그치지요.

물론 종교가 의심을 허락하지 않았기 때문에 수천 년 전에 기록된 경전들이 지금까지 그대로 전해질 수 있었고, 그때와 똑같은 교리를 계속 유지하며 오늘날까지 이어질 수 있었을 것입니다.

그러나 인간은 이성적 동물입니다. 논리적으로 앞뒤가 맞지 않거나 증거가 충분하지 못한 주장을 들으면 당연히 의심하게 되지요. 이것은 정신적으로 아주 건강하고 정상적인 반응입니다. 이런 의심을 통해 우리는 끊임없이 새로운 지식, 사상, 문화, 문명을 창조해 왔습니다. 비행기, 인공위성, 첨단 기술, 생명공학 등의 과학기술뿐 아니라 인권, 남녀평등, 민주주의와 같은 사상과 제도도 다 이런 건강한 의심에서 싹튼 것입니다. 만약 우리가 의심 없이 믿음으로만 살아왔다면 우리는 수천 년 전이나 지금이나 똑같이 미개한 삶을 살고 있을 것입니다.

우리 조상들이라고 무조건 종교에만 의지했던 것은 아닙니다. 지금 우리가 듣기에는 말도 안 되는 소리 같지만 나름 과학적으로 자연현상을 이해하려 애쓴 사람들도 많았지요. 고대 그리스의 자연철학자인 탈레스는 다른 사람들처럼 지진이 바다의 신이나 땅의 신이 노해서 일어나는 것이라고 믿지 않았습니다. 지구는 커다란 바다 위에 떠 있는 평평한 땅덩어리라, 바닷물이 요동칠 때 함께 흔들리는 것이 지진이라고 생각했지요. 아낙시만드로스라는 자연철학자도 번개가 제우스의 벌이 아니라 구름이 두 조각으로 갈라지면서 생기는 현상이라고 생각했고요. 데모크리토스라는 자연철학자는 모든 것을 쪼개고 쪼개면 맨 마지막에 더 이상 쪼갤 수 없는 알갱이가 나오는데 그것이 바로 원자이며, 이 원자들이 모여 세상을 이룬다고 믿었습니다.

하지만 사람들은 데모크리토스의 말을 별로 좋아하지 않았습니다. 그의 말이 사실이라면 별도 돌멩이도 똥도 모두 똑같은 원자로 이루어져 있다는 것인데, 그렇다면 왕도 노예도 똑같다는 말이 되니까요. 왕이나 귀족들이 이런 생각을 반겼을 리가 있을까요? 때문에 자연철학자들의 생각은 묻히고 종교가 세상을 지배하게 되었던 것입니다. 그러자 '세상은 어떻게 생겨났을까?' '해와 달과 별은 어떻게 생겨나 매일 떴다 지는 것일까?' '생명은 왜 죽는 것일까?'와 같은 수많은 호기심과 질문들이 모두 사라져 버렸습니다.

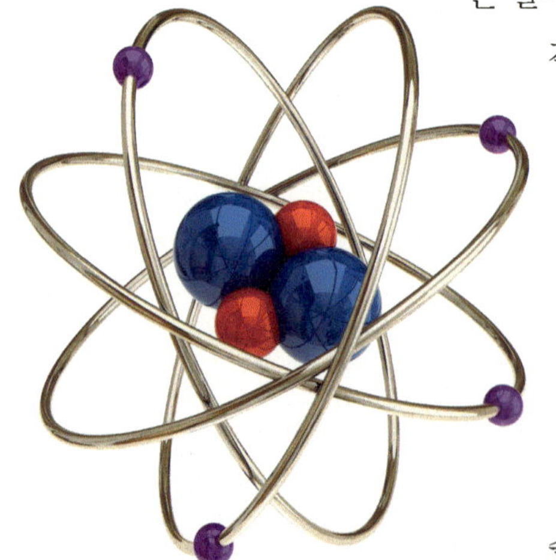

　　과학에 대한 열정은 호기심에서 비롯됩니다. "왜?"라고 묻는 순간 과학이 시작되지요. 하지만 종교는 사람들에게 "왜?"라는 물음을 빼앗아 갑니다. 모든 것을 신의 뜻으로 받아들이면 되기 때문에 깊이 생각할 필요도 없고 무언가를 관찰하거나 탐구할 필요도 없습니다. 그렇게 되면 인류에게 발전이 있을까요?

　　그동안의 역사를 통해 알 수 있는 분명한 사실은 과학적 지식이 발전하면 할수록, 또 과학 지식이 널리 알려지면 알려질수록 종교는 쇠퇴해 왔다는 것입니다. 그런데 복잡한 현대사회에서 불안과 소외감을 느끼는 사람들이 많아지면서, 종교는 다시 과학의 발목을 붙잡고 있습니다. 사람들은 불안감을 떨쳐내기 위해 아직도 점과 미신에 매달리고 있으며, 외계인을 믿는 사이비 종교까지 등장하고 말았으니까요. 하지만 우리는 지난날의 교훈을 잊지 말고 종교가 아닌 과학을 통해 세상을 바라보아야 합니다.

종교와 과학 사이엔 건널 수 없는 강이 흐른다

종교는 사람들이 과학을 모를수록 종교적 믿음에 묶어 두기 쉽기 때문에 과학 지식을 가르치려 하지 않습니다. 그래서 종교의 힘이 강한 나라일수록 온갖 미신들이 판을 치고 과학기술의 발전이 더디며, 당연하게도 경제적으로 어렵습니다. 그런가 하면 과학기술이 발전한 나라일수록 종교를 믿는 사람들의 숫자도 적고, 과학뿐 아니라 다른 분야에서도 발전했으며 경제적으로도 부유한 선진국입니다. 이 사실은 무엇을 말해 줄까요? 종교를 중요하게 생각하는 태도는 사람들을 가난과 무지에 묶어 두며, 과학을 중요하게 생각하는 태도는 사회를 발전시킨다는 것입니다.

　과학보다 종교가 우선이 되면 더 끔찍한 일들도 생겨납니다. 아랍 지역에서 전쟁이 끊이지 않는 이유는 그 바탕에 유대교와 이슬람교 사이의 종교 갈등이 깔려 있기 때문입니다. 온몸에 폭탄을 두르고 돌진해 자살 폭탄 테러를 저지르는 사람들도 비행기를 납치해 일부러 빌딩에 부딪혀 폭파시킨 9·11 테러범들도 모두 신의 뜻에 따른 일이라면서 그런 끔찍한 짓을 저지릅니다. 미국에서는 지하철역에서 이슬람교를 믿는다는 이유만으로 무슬림을 선로로 밀어 다치게 하거나 무슬림만을 골라 살해하는 연쇄 살인 사건이 일어나기도 합니다. 왜 종교 갈등이 원인이 되면 사람들은 서로를 더욱 증오하고 함부로 죽이는 걸까요?

　이유는 간단합니다. 그 사람들에게는 자신의 종교만이 진리이고 다

이라크 전쟁으로 집과 가족을 잃고 떠도는 소년들. 9·11 참사 후 2003년 미국은 대량살상무기를 보유하고 있다는 이유로 영국 등 다국적연합군과 함께 이라크를 침공하여 대대적으로 폭격하였다.

른 종교는 다 거짓이기 때문입니다. 종교는 독선적입니다. 자기가 믿는 종교에 극단적으로 빠진 사람들은 자신들의 진리를 지키고 거짓을 몰아내야 한다는 눈먼 사명감에 사로잡혀, 사람을 죽이고 건물을 파괴하고도 사악한 세력을 응징한 것이라고 뿌듯해합니다. 그래서 끊임없이 테러를 저지르고 아무 죄도 없는 여자와 어린아이들이 다치건 말건 무자비하게 폭격을 퍼붓는 거지요. 종교에 눈먼 사람들 마음에 용서와 관용은 없습니다.

종교가 우세할수록 과학은 발전에 방해를 받고, 과학이 발전할수록 종교는 쇠퇴합니다. 과거에도 그래 왔고 지금도 그러하고 앞으로도 그럴 것입니다. 과학과 종교는 결코 화해할 수 없는 관계이며, 우리는 종교가 아닌 과학이 가리키는 길을 따라가야 할 것입니다.

아니야!
과학과 종교는 화해할 수 있어

종교는 과학의 발전에 기여했다

지구가 태양 주위를 돌고 있다고 주장했다는 이유로 69세나 먹은 갈릴레이 할아버지를 감옥에 가두고 고문을 했다는 종교재판 이야기를 들으면 종교가 정말 과학 발전의 장애물이었다는 생각이 듭니다. 하지만 이런 생각은 하나만 보고 둘은 보지 못하는 것입니다. 관찰과 실험을 바탕으로 새로운 과학적 사실을 발견한 코페르니쿠스, 케플러, 뉴턴은 뛰어난 과학자들인 동시에 모두 신앙심이 깊은 종교인이었습니다.

케플러는 "천문학자는 신이 만든 자연이라는 책을 해석하도록 부름 받은 자들이다."라고 말했습니다. 뉴턴은 케플러가 없었다면 만유인력의 법칙을 발견하지 못했을 거라고 고백한 적이 있지요. 케플러의 신앙심이 과학의 발전을 앞당긴 것입니다.

한번 생각해 볼까요? "신이 우주와 자연을 창조했다."라고 믿는 사람과 "우주와 자연은 그저 우연히 생긴 것이다."라고 믿는 사람이 있습니다. 둘 중에 누가 더 우주와 자연 속에 숨겨진 법칙을 발견하고 싶어할 까요?

"그저 우연히 생긴 우주와 자연일 뿐인데 그 무슨 오묘한 법칙이 있을까?" 하고 생각하는 사람보다는 "우주와 자연에는 창조주인 신의 놀라운 법칙이 숨겨져 있을 거야."라고 생각하는 사람이 자연을 더 열심히 탐구할 것입니다. 이런 점을 생각해 보면, 종교는 과학 발전의 역사에서 방해가 되기는커녕 오히려 도움이 되었습니다.

물론 멀고 먼 옛날, 사람들이 과학을 모르던 시절에는 번개가 치면 신이 노해서 그런 거라며 벌벌 떨었지요. 세월이 흘러 과학이 싹틀 무렵엔 새로운 이론을 주장하는 과학자들을 종교가 못살게 굴기도 했습니다. 그러나 오늘날 과학과 종교가 충돌하는 일은 거의 없습니다. 실험실에서는 과학자로서 열심히 자연의 법칙을 탐구하다가 잠들기 전이나 정해진 때에 자신이 믿는 신에게 기도하는 사람들을 보세요. 오늘날 전혀 어색한 풍경이 아닙니다.

물론 과학과 종교가 뜨겁게 충돌하는 부분도 있습니다. 바로 진화론과 창조론 사이의 논쟁입니다. 우리나라에서도 얼마 전 창조론을 옹호하는 단체 하나가 과학 교과서에서 진화의 사례 몇 가지를 빼 달라는 청원서를 낸 일이 있었습니다. 그러자 세계적인 과학 학술지인 〈네이처〉에 "한국이 창조론자들의 요구에 항복했다."라는 기사가 실렸고, 이에 우리나라의 과학자들과 전문가들 모두가 이에 강력하게 반발하여 청원서를 받아들이지 말라고 요구했지요. 그 후 교육과학기술부와 과학계 원로들이 모인 한국과학기

진화론은 왼쪽 그림처럼 원숭이와 인간은 같은 조상에서 갈라져 나왔다고 말하지만 사람들은 오른쪽 그림처럼 원숭이가 바로 인간으로 진화했다고 오해하며 진화론을 불신한다.

술한림원은 과학 교과서에 대한 가이드라인을 정해 다음과 같은 결론을 내렸습니다.

진화론은 모든 학생에게 반드시 가르쳐야 할 현대 과학의 핵심 이론이므로 진화론과 관련된 부분은 절대 삭제해서는 안 되며, 다만 일부 오해할 소지가 있는 부분은 최신 연구 결과를 반영해 더욱 분명하게 서술해야 한다.

이 이야기만 들으면 과학과 종교는 절대 화해할 수 없고, 종교를 믿는 사람은 과학 수업을 듣지 말아야 할 것 같은 생각마저 듭니다. 그러나 막상 현실을 보면 종교 경전의 구절 하나하나를 문자 그대로 믿는 매우 극단적인 종교인을 뺀다면 진화론은 큰 문제가 되지 않습니다. 왜냐하면 많은 종교인들이 창조론과 진화론을 함께 받아들이고 있기 때문입니다. 가톨릭 교회의 신부님은 "교황청은 창조론과 진화론을 구분하지

156

않으며, 가톨릭 교회는 유신론有神論적 진화론을 지지한다. 이는 신의 존재를 인정하며 신이 생물의 진화와 인류의 진화에 처음부터 관여했고 지도했다는 진화론이다."라고 말합니다. 개신교 교회의 목사님은 "생명은 신으로부터 왔고 진화 과정을 거쳤다. 창조론이든 진화론이든 생명이 신으로부터 비롯되었다는 사실이 중요하다."라고 이야기하지요.

다윈의 진화론을 바탕으로 인간의 유전자 지도를 만드는 '인간 게놈 프로젝트'의 총책임자도 신앙심이 매우 깊은 과학자라고 해요. 이들은 신이 생명을 만들었지만 처음부터 오늘날 인간의 모습 그대로 만든 것이 아니라 진화를 거쳐 현재의 모습이 되도록 했다고 받아들입니다. 신과 진화의 과학을 동시에 받아들이는 것이지요. 이런 생각을 가진 과학자나 종교인은 서로 갈등하지 않습니다. 오히려 서로의 모자란 점을 메워 주면서 우주와 자연을 더 충실히 이해하려고 노력하지요.

종교도 과학처럼 오랜 세월 동안 변화를 겪어 왔습니다. 우리가 흔히 떠올리는 수도사나 수도승의 이미지처럼 경전만 달달 외우며, 마치 화석처럼 예나 지금이나 변하지 않고 이어져 내려왔다고 생각한다면 오해입니다. 유명한 루터의 종교개혁■만 봐도 알 수 있지요. 지금도 과학을 통해 얻은 지식으로 경전을 새롭게 이해하려고 노력하는 종교인들이 많습니다. 종교를 맹신하는 몇몇 사람들만 갖고 무조건 과학과 종교가 함께할 수 없다고 말해서는 곤란할 것입니다.

16~17세기 유럽에서 부패한 가톨릭 교회의 잘못을 지적하며 교회가 새로 태어날 것을 주장한 운동. 당시 가톨릭 교회는 아무리 죄를 저질러도 지옥에 떨어지지 않을 수 있는 면죄부를 팔기까지 할 지경이었다. 이에 신학 교수 마르틴 루터(Martin Luther, 1483~1546)는 면죄부 판매를 비롯한 가톨릭 교회의 잘못 95가지를 지적하면서 교회가 다시 태어나야 한다고 주장했다. 교회는 루터가 신의 뜻을 거스른다며 추방했지만, 루터와 그의 뜻을 따른 동료들은 오로지 성경의 가르침에 따라 가톨릭 교회의 잘못들을 보완한 새로운 기독교를 만들기 위해 묵묵히 싸웠다. 오랜 싸움 끝에 1555년, 루터의 개신교는 정식 종교로 인정받아 지금에까지 이르게 되었다.

과학은 의심하는 것이 중요하고, 종교는 믿는 것이 중요합니다. 그래서 사사건건 충돌할 거라고 생각하지만 그렇지 않습니다. 둘의 차이에는 다 그럴 만한 이유가 있습니다. 과학이 탐구하는 것들은 대부분 우리의 감각으로 관찰할 수 있고 측정할 수 있는 것들입니다. 세포, 별, 유전자, 흙, 공기, 물방울, 빛, 소리……. 물체의 운동과 속도, 산과 염기의 반응, 동물의 소화와 배설……. 과학은 우주에서부터 원자의 세계까지 모든 것을 측정하고 탐구합니다.

이에 비해서 종교가 탐구하는 것들은 우리 감각을 넘어선 것들입니다. 보고 듣고 냄새 맡고 만지고 맛보고 측정하고 계산할 수 없는 것들이죠. 바로 신, 사랑과 용서, 천사와 악마, 천국과 지옥, 다음 세상에 다시 태어나는 윤회와 모든 것을 벗어던지는 해탈과 같은 것들입니다. 이런 것들을 어떻게 감각으로 다 확인할 수 있겠어요? 신의 옷자락을 잡았다든가, 천국에 갔다 왔다든가, 전생에 당나라 부잣집 아들이었다든가 하는 말을 증거라며 내세워 봤자 코웃음만 나올 뿐이지요.

그런데 과학도 종교와 마찬가지로 보이지 않는 것도 탐구합니다. 에너지를 그 예로 들 수 있겠죠. 에너지처럼 눈에 보이지 않는 것은 어떻게 알아내고 탐구하는지 볼까요? 지금으로부터 150년 전, 과학자 패러데이는 세계 최초로 자석과 전기를 함께 연구하고 있었습니다. 그러던 중 전기가 잘 통하는 구리줄을 여러 번 감아서 매달아 놓고 자석을 그 안으로 넣었다 뺐다 해 보았습니다. 그랬더니 구리줄이 빙글빙글 돌기 시작하는 마법 같은 일이 일어났습니다. 손도 대지 않았는데 어떤 신비한 힘이 구리줄을 빙빙 돌린 것입니다. 패러데이는 전기 주변과 자석 주변에 존재하는 보이지 않는 힘에 대해 1만 번이나 실험을 했습니다. 그

발전소의 가스 터빈. 패러데이가 발견한 전자기 유도 원리를 이용해 석탄, 가스, 수력, 원자력 등으로 커다란 터빈을 돌려 전기 에너지를 얻는다.

리고 전기와 자기가 서로를 움직이게 할 수 있다는 사실을 알아냈지요. 이를 전자기 유도라고 부릅니다. 훗날 발전소에서 이 원리를 이용해 터빈을 돌려 전기를 만들게 되었습니다.

과학자들은 눈에 보이지 않는 이 신비한 힘을 '에너지'라고 불렀습니다. 물이 끓을 때 뜨거운 수증기가 뚜껑을 들썩이는 힘, 물레방아를 돌리는 폭포의 힘, 집을 부수는 태풍의 힘, 이 모든 것이 에너지입니다. 과학자들은 에너지를 직접 재 볼 수는 없지만 그 에너지가 일을 얼마만큼 하는지 계산할 수는 있지요.

종교에서 강조하는 사랑은 어쩌면 에너지와 비슷할지도 모릅니다. 눈에 보이는 힘은 아니지만 사랑하는 사람을 보기 위해 먼 거리를 찾아

간다거나 마음을 얻기 위해 선물을 만드는 등등 사람을 움직이게 하니까요. 그렇다고 얼마나 사랑하는지 사랑의 양을 숫자로 나타낼 수는 없습니다. 그 사랑이 진짜인지 가짜인지 실험할 수도 없고요. 심심풀이로 심리 테스트를 해 볼 수는 있겠지만 그 답은 절대로 논리적이거나 과학적이지 못하지요.

종교가 탐구하는 것들에 대한 해답은, 마치 과학자들이 하듯이 관찰이나 실험을 통해서는 도저히 알아낼 수 없습니다. 자기 마음을 잘 들여다보고 사람과 사람 사이의 관계를 깊이 고민하면서 각자의 종교에서 들려주는 이야기를 믿을 수밖에 없지요. 때문에 종교는 과학자들이 하듯이 근거를 제시하면서 '너 이래도 안 믿을래?' 또는 '너 이래도 믿을래?'라고 강요할 수 없습니다. 종교의 가르침을 믿을지 말지는 각 개인이 곰곰이 따져 본 다음에 결정해야 합니다.

이처럼 과학과 종교는 서로 다른 영역을 서로 다른 방식으로 고민하고 탐구합니다. '지구의 무게는 얼마나 될까?' '왜 돌은 딱딱하고 고무는 물렁물렁할까?' '뜨거운 것은 그냥 두면 차가워지는데 왜 차가운 것을 그냥 두어도 뜨거워지지 않을까?' '빛은 어디까지 갈 수 있을까?' 이런 질문들은 과학의 질문들입니다. '세상에는 왜 선한 사람과 악한 사람이 존재할까?' '나를 미워하는 사람을 나도 같이 미워하면 안 될까?'와 같은 질문들은 종교의 질문들입니다.

우리가 사는 세계의 모든 것을 다 과학적으로 설명할 수는 없습니다. '인간은 왜 사는가?' '내 삶의 의미는 무엇일까?' '죽음은 모든 것의 끝일까?' 이런 질문들은 과학자들이 아무리 연구해 봤자 알 수 없지요. 그러나 이런 질문들은 마치 꼬리표처럼 사람들의 머릿속에서 떠나지 않습니다. 과학이 이런 의문에 대답해 주지 못하기 때문에 과학이 아무리 발전한다 해도 종교에게는 반드시 필요한 역할이 있습니다. 과학기술이 발전하면 언젠가 인간의 문제를 모두 해결하고 인간이 가진 모든 의문과 문제들을 해결해 줄 거라고 믿는 사람도 있지만, 이는 인간의 지성을 지나치게 믿는 건방진 태도입니다. 독가스와 핵무기와 같은 과학기술이 전쟁과 대량 학살에 이용된 경우를 돌이켜 보면 종교의 가르침은 더욱

사람들은 원자의 핵을 분열시키거나 융합시켜서 에너지를 얻을 수 있다면, 기존의 방식으로 전기를 일으킬 때보다 훨씬 효율적으로 전기 에너지를 만들 수 있을 것이라고 기대했다. 이 원자력 에너지가 군사적인 목적으로 개발되어 전쟁에 이용된 것이 바로 원자폭탄이다. 제2차 세계대전 당시 미국은 일본을 항복시키기 위해 히로시마와 나가사키에 두 차례 원자폭탄을 투하했다. 원자폭탄이 폭발할 때 방사능에 노출되어 후유증으로 죽어 간 사람까지 합치면 30만 명에 달하는 사람들이 원자폭탄에 희생된 것으로 추정된다.

소중하지요.

　우리가 세상을 살아가며 갖게 되는 궁금증을 과학이 다 설명해 주지 못하고, 종교 역시 문제를 모두 해결해 줄 수 없습니다. 더구나 현대사회가 점점 복잡해질수록, 과학이 점점 발달할수록 새로운 질문들이 쏟아져 나오고 있습니다. 인간을 마음대로 복제해도 되는지, 동물과 식물의 유전자를 멋대로 조작해도 되는지, 이미 뇌가 죽은 사람을 의학 기술로 언제까지 살려 두어야 하는지……. 이런 질문들은 과학만으로, 또 종교만으로는 도저히 대답할 수 없는 문제들입니다. 그러나 과학과 종교가 힘을 합쳐 함께 이런 질문에 대답한다면 우리는 세상과 인간을 더 깊이 이해할 수 있지 않을까요?

과학과 종교의 대화

종교에 대한 생각이 다르다는 이유만으로 다른 종교를 믿는 사람들이나 무신론자들을 함부로 경멸하거나 증오하는 것은 종교의 가르침을 잘못 이해했기 때문입니다. 마치 과학 시험에서 개념을 잘못 알고 문제를 풀면 틀리는 것처럼 종교에 대한 이해가 모자란 사람들이 주로 이런 행동을 하지요. 그러나 과학기술을 잘못 이용해서 생긴 문제 때문에 과학을 무조건 부정해서는 안 되는 것처럼, 종교를 잘못된 방향으로 이해해서 생겨난 문제들 때문에 종교의 소중한 가르침마저 거부해서는 안 됩니다.

　엄연한 과학적 사실마저 틀렸다고 하며 말도 안 되는 가르침을 믿으라고 강요하는 사이비 종교들은 분명히 문제입니다. 하지만 기독교와 불교, 유교와 같은 고등종교는 오히려 사람들이 지식을 쌓아 세상을 보는 눈을 키울 수 있도록 도와주면서, 능력을 갖되 자만하지 말고 늘 겸

손해야 한다고 가르치지요. 조선의 교육기관에서 유교를 바탕으로 사람들을 가르친 것이나, 개화기 우리나라에 외국인 선교사들이 들어와 학교를 세우고 근대 학문을 가르친 것을 보면 알 수 있습니다. 종교 재단이 운영하는 학교에서 과학 교육을 소홀히 한다는 얘기는 들어 본 적이 없지요? 종교는 우리가 학문을 익히고 지식을 쌓는 데 힘이 되면 되었지, 결코 방해가 되지 않습니다.

또 선진국에서 누리던 편안한 생활을 버리고 가난한 나라에 가서 교육과 의료 봉사를 하는 사람들 중에는, 자신이 믿는 종교의 사명감을 띤 사람들이 매우 많습니다. 봉사하러 가서까지 자신이 믿는 종교를 무조건 강요해 문제를 일으키는 사람들도 있다지만, 대부분은 그 나라의 문화를 존중하며 묵묵히 봉사하면서 종교의 가르침을 자연스럽게 실천할 뿐입니다.

모든 종교가 공통적으로 가르치고 추구하는 가치는 평화, 용서, 사랑, 인간 존중입니다. 오늘날 박애 정신, 인간 존중, 평화와 같이 숭고한 가치를 실천하기 위해 앞장선 사람들은 대부분 종교를 갖고 있습니다. 노벨상을 탈 만큼 뛰어난 과학적 업적을 이루고도 한없이 겸손한 사람

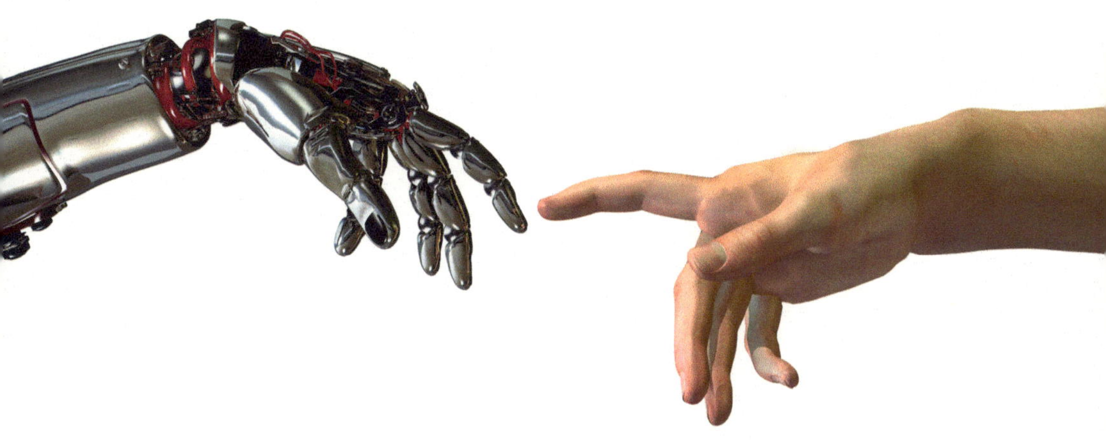

들을 보면 대부분 종교적인 신념에 따라 살아가고 있지요.

과학과 종교는 얼마든지 서로 도우며 사이좋게 지낼 수 있습니다. 종교는 과학이 대답하지 못하는 문제에 대답해 주고 과학은 또 종교가 풀지 못하는 문제를 설명해 주면서, 앞으로도 과학과 종교는 인류 발전에 함께 이바지할 것입니다.

● 다음 쟁점에 대하여 자신의 입장을 정하고 근거를 제시해 봅시다.

> **쟁점 ❶** | 종교는 과학의 발전을 방해한다.

입장 : --

근거 : --

> **쟁점 ❷** | 과학이 언젠가는 인간의 모든 궁금증을 해결해 줄 것이다.

입장 : --

근거 : --

> **쟁점 ❸** | 과학과 종교는 서로 화해할 수 없다.

입장 : --

근거 : --

● 갈수록 과학과 기술은 점점 더 발달하지만, 우리는 여전히 미신을 믿습니다. 우리 주변의 미신들을 찾아보고 미신과 종교는 무엇이 다른지 생각해 봅시다.

빌딩 4층에 숫자 '4'대신 알파벳 'F'가 적혀 있다. ----------------

갈릴레이, 또 뭐하려고?

옛사람들은 직접 몸을 움직여 무언가를 하는 것은 품위 없는 행동이라고 생각했습니다. 돈이 많거나 학식이 높은 사람일수록 더 그랬지요. 그래서 책상에 앉아서 고상하게 생각만 했습니다. 갈릴레이 이전에는 과학자들도 생각만 했답니다.

실험을 해야 진짜 그런지 알 수 있지!

옛날, 많은 사람들이 '무거운 물건이 가벼운 물건보다 빨리 떨어진다.'라고 생각했습니다. 실제로 망치와 깃털을 떨어뜨리면 망치가 먼저 땅에 떨어지지요. 그런데 갈릴레이는 그 말을 믿을 수가 없었습니다. 그래서 어떻게 했을까요? 무거운 쇠공과 가벼운 나무 공을 만들어서 높은 데서 떨어뜨려 보았습니다. 그런데 너무 순식간에 떨어져 잘 비교할 수 없었기에 나무판자를 비스듬히 세우고 그 위에서 공을 굴렸습니다. 나무판자의 기울기를 높게도 해 보고 낮게도 해 보고, 맥박이 한 번 뛸 때 얼마나 굴러가는지도 재고, 공도 쇠공, 납 공, 나무 공 등 여러 가지를 써 보았습니다. 그 결과, 무거운 공과 가벼운 공이 똑같이 굴러 내려간다는 결론을 얻을 수 있었습니다.

근대과학의 아버지

갈릴레이가 피사의 사탑에서 무게가 서로 다른 공을 떨어뜨리는 실험을 했다는 이야기가 있지만, 사실 이 실험을 한 것은 네덜란드의 물리학자 스테빈이라고 합니다. 하지만 중요한 것은 갈릴레이가 최초로 실험의 중요성을 깨달은 사람이라는 점입니다. 높이와 무게를 다르게 하고 시간과 무게를 재고 서로 비교하고 계산하고 기록하면서 수십 번, 수백 번 관찰하는 것. 갈릴레이 전에는 이렇게 직접 실험을 한 사람은 아무도 없었습니다.
실험 끝에 내린 갈릴레이의 결론은 옳았습니다. 지구에서는 공기가 방해하기 때문에 깃털이 더 천천히 떨어진 것일 뿐, 1971년에 아폴로 15호의 우주 비행사가 공기가 없는 달에서 망치와 독수리 깃털로 실험했을 때에는 두 물체가 동시에 땅에 닿았기 때문입니다.

갈릴레이가 지동설을 확신했던 것도 자신이 직접 만든 망원경으로 하늘을 관찰한 덕분입니다. 갈릴레이는 이 망원경으로 목성의 위성을 발견하고 금성의 움직임을 관찰했지요. 이처럼 과학의 비밀을 풀기 위해서는 직접 실험하고 관찰해야 한다는 사실을 일깨워 준 갈릴레이는 근대과학의 아버지로 불립니다.

400년 동안 계속된 관찰과 기록

갈릴레이는 망원경으로 태양의 흑점도 관찰했습니다. 지금으로부터 400년 전인 1613년, 자신이 관찰한 흑점을 지도로 그려 기록했지요. 그 뒤로 수많은 사람들이 갈릴레이를 따라 흑점을 세어 기록으로 남겼습니다. 이들은 흑점이 무엇인지, 어떻게 만들어지고 왜 변하는지 전혀 알지 못했지만 꾸준히 관찰하고 기록했습니다. 그리고 1848년, 스위스 천문학자 루돌프 울프가 이 기록들을 바탕으로 태양의 흑점이 9~12년 간격으로 늘어나고 줄어든다는 것을 알아냈지요.

갈릴레이가 태양의 구름이라고 생각했던 흑점은 태양 표면에서 주위보다 온도가 낮아 어둡게 보이는 부분입니다. 흑점이 많을 때 태양 표면에서는 강력한 자기장 폭발이 자주 일어납니다. 이때 엄청난 에너지와 입자가 방출되는데, 이것이 지구에 도달하면 발전소가 망가지거나 휴대전화가 불통이 되기도 하고 비행기의 나침반이 엉뚱한 방향을 가리키기도 합니다. 흑점을 관찰하면 이런 일을 예방할 수 있지요. 때문에 갈릴레이와 이후 500여 명의 과학자들이 관찰해 온 기록은 우리에게 큰 도움이 됩니다.

갈릴레이 덕분에 오늘도 과학자들은 갈릴레이처럼 실험하고 관찰하며 자연의 비밀을 풀어 가고 있는 것이지요.

06
과학기술은
지금보다 속도를
내야 할까?

● ● ● ● 지금 우리는 100년 전에는 상상도 못했던 삶을 살고 있습니다. 도로에는 자동차들이 가득 차 있고 사람들 손마다 휴대전화가 쥐여져 있으며, TV와 컴퓨터는 사람들의 즐거운 오락거리가 됩니다. 냉장고 덕분에 음식을 보관하기도 쉬워졌고 세탁기와 청소기 덕분에 가사일도 덜 힘들어졌지요. 당장 10년 전만 하더라도 스마트폰을 상상조차 못했으니 과학기술의 발전 속도는 놀랍기만 합니다. 이렇게 쉬지 않고 내쳐 달려 온 과학기술, 혹시 잠깐 고삐를 늦추고 돌아볼 여유가 필요하지는 않을까요?

●

그래,

과학은 지금보다 더 부지런히 속도를 내야 해

●

아니야,

이젠 게으름이 인간과 지구를 살려 줄 거야

여러분은 '안단테(천천히)'와 '알레그로(빠르게)' 중 무엇을 더 좋아하나요? '게으름'과 '부지런함' 중 더 필요한 것은요? 당연히 무슨 일을 하든 알레그로의 속도로 부지런히 해야 한다고 생각하지만 마음속 깊은 곳에는 다른 희망이 있지 않나요? 그렇다면 우리가 사는 지구는 '안단테'와 '알레그로', '게으름'과 '부지런함' 중 무엇을 더 좋아할까요?

이야기 1

여유로운 삶을 위해

아침은 가벼운 토스트와 커피로, 점심땐 브런치 카페에서 가볍게 즐겨 볼까? 저녁땐 사교 모임에서 살사 댄스를 배우고 음악회도 정기적으로 다녀야지. 날씨가 좋은 날엔 가까운 산으로 향하는데, 조심해야 해. 고급 아웃도어 재킷이 아니면 궂은 날씨에 고생할 수도 있으니. 겨울이 오면 스키장에서 즐기는 거야. 실력이 없다고? 걱정 마. 일대일 레슨을 받으면 금방 실력이 좋아지니까. 날씨가 풀리면 스키 시즌이 끝나니까 섭섭하다고? 걱정 마. 일본엔 4월까지도 시즌이 한창이고, 여름에도 타고 싶다면 뉴질랜드로 가면 그만이야. 산은 지겹다고? 그럼 요트도 좋은 취미가 되지. 망망대해를 향해 나만의 배를 몬다는 건 정말 무엇과도 바꿀 수 없는 경험을 가져다줄 거야. 이런 게 바로 인생의 여유고, 우리 삶의 목표 아니겠어?
그러니 오늘부터 야근이닷!!!!

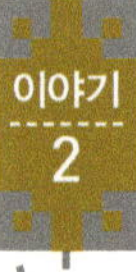

이야기 2

지금 하면 되지 왜 나중에?

멕시코 바닷가에 자기가 먹을 만큼만 고기를 잡은 다음 한가로이 놀고 있는 어부가 있었다. 그 바닷가로 휴가를 온 부자 한 사람이 어부를 보고 한심해하며 부자가 될 수 있는 방법을 알려 주었다. 우선 부지런하게 더 많은 고기를 잡고 그 고기를 내다 팔아 그 돈으로 큰 배를 사고, 그 배로 더 많은 고기를 잡아 더 큰 돈을 모아 더 큰 배를 사고, 다시 더 큰 배로 더욱더 많은 고기를 잡아……. 어부는 부자가 되면 무엇을 얻을 수 있냐고 물었다. 부자는 늙어서 자기처럼 멋진 해변에서 낚시를 하며 여유롭게 살 수 있다고 답했다. 이에 어부가 대꾸했다. 자기는 지금 그것들을 다 누리고 있으니 걱정 말라고.

어느 나라가 가장 행복한 나라일까?

한국은 세계에서 12번째로 행복한 나라다. 평균 수명, 소득, 교육, 빈곤, 실업, 환경, 건강, 종교 등으로 행복도를 측정하는 HDI 지수를 기준으로 하면 그렇다. UN에서는 이 지수가 높은 나라는 국민들이 행복하다고 보고 선진국으로 분류한다.

그런데 삶의 만족도, 행복감, 희망, 환경오염 등을 기준으로 하는 국가별 행복지수로는 63위다. 1등은 코스타리카이며, 상위권에 오른 나라들 중 선진국은 하나도 없었다. HDI지수로는 114위였던 방글라데시가 11번째로 행복한 나라였고, 거꾸로 1위를 차지했던 미국은 110번째로 행복한 나라인 것으로 나타났다.

우리는 어떻게 보면 꽤 행복한 나라에 살고 있고 또 어떻게 보면 행복과는 거리가 먼 나라에 살고 있다. 결국 행복이란 한 가지 기준으로 잴 수 있는 것은 아닌가 보다. 행복은 무엇으로 결정될까?

● 행복의 정도를 계산하는 다양한 지표들 중 무엇이 더 중요하다고 생각하는지 순서대로 나열해 보세요. 또 다른 기준이 있다면 (   ) 안에 써 봅시다.

① 소득 수준　　② 건강　　　③ 수명　　　④ 사랑　　　⑤ 자부심
⑥ 사회적 지위　⑦ 정치적 안정　⑧ 치안　　⑨ 미래에 대한 기대
⑩ 기타 : (　　　　　　　　　　　　　　　　　　)

그래!
과학은 지금보다 더 부지런히 속도를 내야 해

게으름을 찬양한다고?

여러분은 지금 자동차를 타고 목적지를 향해 가고 있습니다. 여러분이 가는 길은 속도 제한이 없는 고속도로입니다. 천천히 가도 되고, 빨리 가도 아무 상관없지요. 사람이라면 누구나 부지런히 엑셀을 밟아 빨리 목적지에 도착하고 싶어하지 않을까요?

그래요. 여러분은 속도를 내고 싶을 거예요. 속력과 속도의 차이는 잘 알고 있지요? 일정한 시간 동안 이동한 거리를 속력이라고 하지요. 속도는 속력에 방향을 더한 것입니다. 10초 동안 앞으로 100미터를 전진해도, 5초 동안 뒤로 50미터를 후진해도 속력은 똑같지요. 하지만 실제로는 어떤가요? 15초가 지났지만 출발선에서 겨우 50미터밖에 못 간 셈입니다. 속도에서는 어느 방향으로 움직이는지가 매우 중요합니다. 우리는 당연히 목적지를 향해 부지런히 속도를 내야겠지요. 강한 자보다 빠른 자가 지배하는 세상이니까요.

우리에게 속도와 부지런함은 필수입니다. 먼 옛날, 몸집도 작고 날카로운 이와 발톱을 가진 것도 아니고 빨리 달리지도 못했던 인간이 야생의 치열한 생존 경쟁에서 살아남을 수 있었던 건 부지런했기 때문입니다. 인류는 불을 발견하고 도구를 발명해 발전시키고 가축을 길들이고 농사를 짓기 시작하는 등, 잠시도 쉬지 않고 부지런히 지구에 삶의 터전을 마련했습니다. 그 결과 지금 인간은 예전과 비교할 수 없을 정도로 풍요로운 삶을 살고 있지요. 인간이 지금보다 더 나은 미래를 만들고자 한다면 지금까지 그래 왔던 것처럼, 아니 지금보다 더 부지런하게 움직여야 합니다.

거창하게 인류의 역사나 미래를 말할 것도 없지요. 지금 여러분의 모습만 살펴보아도 부지런함은 필수라는 걸 알 수 있을 거예요. 여러분이 지금껏 뒤처지지 않고 살아온 건 부지런했기 때문입니다. 만약 여러분이 게으름을 부린다면 당장 다음 시험 성적표가 여러분을 괴롭히겠지

요. 이미 뒤처져 있다고요? 그럼 어떡하죠? '그래, 더 열심히, 더 부지런해져야 해!' 하면서 더욱 속도를 내면 되겠지요. 지금의 게으름은 나중에 돈을 많이 벌 기회도, 멋진 배우자도, 행복도 앗아가니까요.

물론 부지런함이 아닌 게으름을 선택할 수도 있습니다. 그리고 그 게으름을 통해 여유와 만족을 얻을 수 있다면 그것도 훌륭한 선택이라고 할 수 있을 거예요. 자신이 부지런하게 살지 게으르게 살지는 각자 원하는 대로 선택하면 되는 문제니까요. 하지만 게으름을 선택할 사람만 선택하라고 하는 게 아니라, 우리 모두가 게을러져야 한다거나 게으름이 부지런함보다 좋다고 주장할 수 있을까요?

역사에 등장하는 위대한 사람들 중에서 게으름을 찬양한 사람들이 없었던 것은 아닙니다. 그리스의 철학자 디오게네스는 누더기 옷에 따뜻한 햇살만으로도 충분하다고 말했습니다. 만일 여러분이 디오게네스처럼 집도 직장도 없이 굴러다니는 나무통에서 살아도 행복할 수 있다면 게을러도 되겠지요. 하지만 그게 아니라면 디오게네스의 말은 그냥 흘려듣는 게 나을 거예요.

게으름을 이야기한 또 다른 사람이 있는데 바로 20세기 철학자 버트런드 러셀입니다. 그는 현대인이 숨 돌릴 틈 없이 너무 빡빡한 삶을 살고 있다며 근면과 성실의 쳇바퀴에서 내려와 좀 더 게을러질 필요가 있다고 충고했지요. 그런데 공교롭게도 러셀 자신은 전혀 게으르지 않은 사람이었습니다. 98세의 나이로 숨을 거둘 때까지 세상 곳곳을 돌아다니며 강연을 했고 수많은 책을 썼으며 적극적으로 평화운동을 펼치다 감옥에 가는 등 매우 부지런하게 살았습니다. 철학, 과학, 사회학, 교육, 정치, 예술과 종교 등등 다양한 분야에서 뛰어난 업적을 남겨 노벨상까지 받았지요.

여러분은 빠른 속도와 느린 속도, 부지런함과 게으름 중 어떤 것을 선택하고 싶은가요? 당연히 빠른 속도와 부지런함을 택해야지요. 부지런함과 게으름은 각자의 선택에 맡겨서는 안 되는 문제입니다. 개인의 게으름이 사회 전체에 영향을 미칠 테니까요. 그러니 게으름이 사회적으로 비난을 받는 거겠지요. 속도와 부지런함은 사회를 발전시키는 힘입니다. 천천히 느릿느릿 움직이는 사회보다 빠르고 활발하게 움직이는 사회가 더 많이 발전하는 것은 두말할 필요도 없이 당연한 것 아니겠어요?

속도는 우리 모두의 의무이다

만일 인류의 조상들이 부지런하지 않았다면 지금처럼 발전할 수 있었을까요? 천둥이 치는 것을 두고 하늘이 노해서 벌을 주는 것이라고 믿었던 옛사람들을 떠올려 보세요. 하루에 한 끼 먹기도 힘들었던 옛날의 궁핍하고 가난한 삶을 떠올려 보세요. 지금 우리는 분명히 과거보다 발전된 삶을 누리고 있습니다. 그것을 인정한다면 속도와 부지런함의 중요성을 금방 느낄 수 있을 거예요. 인류의 문명은 겨울이 지나면 봄이 오고 봄이 오면 꽃이 피고 꽃이 지면 열매가 맺히는 것처럼 그냥 자연스럽게 얻어 낸 게 아닙니다. 지금 우리가 누리는 편리함과 풍요로움은 인간이 부지런하게 노력해서 피와 땀으로 얻어 낸 성과지요.

부지런함이 문명을 어떻게 발전시켰는지 볼까요? 성경에는 "일하지 않는 자는 먹지도 말라."라며 게으름을 경고하는 구절이 있습니다. 기독교의 이런 가르침은 종교개혁을 거치며 자본주의를 이뤄 내는 데 큰 영향을 끼쳤습니다.

독일의 사회학자 막스 베버는 종교개혁이 자본주의 정신을 만들어 냈다고 했습니다. 부패한 가톨릭 교회의 잘못을 지적하며 종교개혁을 일으킨 사람들은 부지런하게 일하고 철저하게 절약하는 생활이 신의 뜻을 따르는 것이라고 여겼지요. 그래서 부지런히 노력해 부를 쌓아 성공하면 죽어서 신에게 구원받을 수 있다고 생각했습니다. 이런 생각은 이익을 추구하는 자본주의와 만나 세상을 발전시켰습니다. 결국 지금 우리가 누리고 있는 자본주의의 풍요로운 삶은 부지런함을 중요시하는 생각에서 나왔다고 볼 수 있지요.

우리는 항상 모두 무언가를 얻기 위해, 무언가를 이루기 위해 살아갑니다. 목적을 정하고 그 목적을 이루며 살아가지요. 지금보다 더 나은 삶을 위해 우리는 더 크고 높은 목표를 정해 놓고 끊임없이 노력합니다. 이렇게 노력하는 삶이 바로 부지런함과 근면함, 빠른 속도를 추구하는 삶이지요. 게으르게, 느리게 살겠다는 것은 목적도 없이 아무렇게나 살겠다는 말과 다르지 않습니다.

부지런함이 중요한 이유는 이것만이 아닙니다. 자동차 공장을 예로 들어 볼까요? 자동차 한 대에 들어가는 부품만 해도 수만 가지가 넘습니다. 자동차 공장에서는 그 부품들을 정해진 위치에 조립해 하나의 자동차를 완성합니다. 그런데 만일 자동차를 조립하는 과정에서 중간에 있는 한 사람이 자기가 맡은 일을 하지 않는다면 어떻게 될까요? 조립 라인은 멈춰 서고, 자동차는 만들어지지 못할 것입니다. 그냥 한 대만 못 만드는 정도가 아니라 공장 전체가 아예 마비될 테지요.

자동차를 만드는 일은 유기적으로 연결된 일입니다. 유기적으로 연결되었다는 것은 마치 생명체처럼 모든 부분이 매우 밀접하게 연결되어 서로 영향을 준다는 뜻입니다. 심장이 멈추면 온몸에 피가 공급되지 않아서 죽게 되고, 콩팥에 문제가 생기면 몸속의 나쁜 물질을 걸러 내지 못해서 생명에 위협을 받지요. 뿌리가 썩으면 잎과 줄기도 함께 말라 죽는 것처럼, 유기적으로 연결된 관계에서는 한 부분에 문제가 생기면 곧바로 전체 조직이 큰 영향을 받게 됩니다.

만일 누군가가 어떤 조직에도 속해 있
지 않다면 그 사람은 부지런하지 않아
도 됩니다. 그 사람이 부지런하든 게으
르든 그 결과는 다른 사람에게 영향
을 미치지 않을 테니까요. 우리는
그 사람을 불쌍히 여길 수는 있
지만 비난할 필요는 없습니다.
하지만 그 사람이 어딘가에
속해 있다면 그 사람의 게으
름은 조직 전체에 영향을 미치
게 되겠지요.

인간은 반드시 어딘가에 속해
있는 사회적 동물입니다. 우리는 모두
가족의 일원이고 학교의 학생이고 사회의
시민이고 한 국가의 국민입니다. 사람마다 속한 조직이 많고 적을 수는
있겠지만 아무 조직에도 속하지 않은 사람은 상상 속에서만 존재하지요.

이렇듯 인간이 어떤 조직에도 속하지 않는 것은 불가능합니다. 그리
고 조직에 속한 구성원에겐 각자의 역할이 있습니다. 학교에서는 학생
으로서 해야 할 일이 있고 회사에서는 직원으로서 해야 할 일이 있지요.
우리는 모두 그 역할에 충실해야 합니다. 세상과 동떨어져 무인도에서
혼자 살지 않는 한, 부지런함과 근면함은 우리의 의무입니다. 결국 게으
름과 부지런함은 선택의 문제가 아닙니다. 부지런함은 인간이라면 꼭
지켜야 할 기본적인 의무인 것입니다.

더 빠르게, 더 부지런하게

인간은 아무런 목적 없이 행동하지 않습니다. 책을 사는 것도, 공부를 하는 것도, 학교를 가는 것도, 망치질을 하는 것도, 집을 짓는 것도, 모두 어떤 목적을 가지고 하는 행동입니다. 그냥 아무 생각 없이 하는 행동처럼 보여도 다 이유가 있기 마련입니다.

더 나아가 우리는 삶에도 목적을 갖고 있습니다. 돈이 많은 사람이 되고 싶다거나, 친구가 많은 사람이 되고 싶다거나, 병에 걸리지 않고 건강하게 살고 싶다거나……. 사람마다 삶의 목적은 다르지요. 아무런 목적 없이 사는 것 같은 사람이라도 행복하고 즐겁게 살기를 원할 테니, 이 사람에게는 행복하고 즐거운 삶이 목적인 것입니다.

여러분의 꿈은 무엇인가요? 혹시 사람들이 가진 꿈 중에 대충 해도 이루어지는 것이 있을까요? 대통령이 되는 것은 어려우니까 평범하게 살겠다며 한껏 꿈을 낮춰 잡아서 회사원이 되겠다고 해도 회사원 역시 쉬운 꿈은 아닙니다. 슈퍼스타가 되겠다거나 노벨상을 타겠다는 어린 시절의 꿈은 말할 것도 없습니다. 자기 자신이 어린 시절에 생각했던 것처럼 멋지고 뛰어난 사람이 아님을 깨닫게 되면 누구나 실망하고 말지요.

하지만 우리에겐 지원군이 있습니다. 바로 부지런히 속도를 내어 앞으로 나아가는 근면함과 성실함입니다. 〈천지창조〉나 〈최후의 심판〉과 같은 걸작을 남긴 르네상스의 대표적인 천재 예술가 미켈란젤로는 부지런하기로 유명했습니다. 먹는 시간도 아끼고 잠도 거의 자지 않았으며, 잠잘 때조차 장화를 신은 채로 잤기 때문에 나중엔 발이 퉁퉁 부어 장화를 칼로 찢어 내야 할 지경이었다고 해요. 그런 미켈란젤로는 이런 말을 남겼습니다.

내가 지금의 경지에 이르기 위해 얼마나 열심히 일하고 또 일했는 지 사람들이 안다면 아마 하나도 위대해 보이지 않을 것이다.

미켈란젤로가 위대하다면 그 위대함은 그의 작품이 아니라 부지런함에서 나오는 것입니다. 만일 미켈란젤로처럼 위대한 예술가가 되고 싶다면 방법은 어렵지 않습니다. 늘 부지런하고 근면한 삶을 살면 됩니다. 부지런하게 노력해서 삶의 목적과 꿈을 이루는 일을 두고 우리는 '자기완성'이라고 부릅니다. 자기완성은 그냥 얻어지는 것도 아니고 운이 가져다주는 것도 아닙니다. 그것은 부지런하게 노력하는 사람만이 얻을 수 있는 열매입니다. 누구라도 그런 열매를 얻고 싶다면 더욱 빠르게, 더욱 부지런히 노력해야 하지 않을까요?

발전은 자연스러운 과정이다

우리 한 사람 한 사람만 꿈을 가지는 것이 아닙니다. 인류 전체의 꿈도 있지요. 각자 저마다의 꿈을 갖고 노력하다 보면 인류 모두의 공통된 꿈을 향해 움직이게 되는 것이, 이 지구에서 인간만이 보일 수 있는 모습입니다. 하지만 그렇다고 해서 부지런함이 인간에게만 필요한 것은 아닙니다. 부지런함과 근면함은 생명을 가진 존재라면 누구에게나 필요합니다.

지금으로부터 38억 년 전 지구에서 맨 처음 한 개의 세포로 시작한 생명체는 끊임없이 변화하는 환경에 적응하기 위해 지금과 같이 다양한 모습들로 진화했습니다. 만일 그 과정에서 한순간이라도 변화하지 않았다면 지금의 인류는 존재하지 않았을 것입니다. 변하지 않는다는 것, 멈춘다는 것은 퇴보와 죽음을 의미합니다. 지금 지구상에 살아남은 모든 생명체는 멸종한 생물과 비교해 볼 때 과거보다 발전한 생명체들입니다.

루이스 캐럴의 소설 『거울나라의 앨리스』를 보면 앨리스가 붉은 여왕의 손에 이끌려 숨이 넘어갈 정도로 달리는 장면이 나옵니다. 그런데 한참을 달렸는데도 주변의 경치는 아무것도 바뀌지 않지요. 다시 한참을 뛰다가 멈춰 주위를 살펴보았더니 출발했던 바로 그 장소였습니다. 앨리스는 한 발짝도 앞으로 나가지 못했던 것이지요. 왜 모든 것이 그대로 있는지 어리둥절해하는 앨리스에게 붉은 여왕이 말합니다.

"너희 나라는 참 느려 터진 나라구나. 여기서는 같은 곳에 있으려면 쉬지 않고 힘껏 달려야 해. 어딘가 다른 데로 가고 싶으면 적어도 그 보다 두 곱은 빨리 달려야 하고!"

주변의 모든 것들이 급박하게 변하는 세상에서 움직이지 않고 멈춰 있는 것은 휴식이 아니라 뒤처지는 것일 뿐입니다. 이런 생각은 단순히 소설에나 나오는 문학적인 표현이 아닙니다. 진화론을 연구하는 학자들은 변화하고 말고는 선택할 수 있는 게 아니라 우리가 살아남기 위해 반드시 갖춰야 할 능력이라고 말하며 이를 '붉은 여왕 효과'라고 부릅니다.

공룡이 멸종한 이유는 그들이 뒤처졌기 때문이 아니라 멈췄기 때문입니다. 우리의 주변 환경은 끊임없이 변합니다. 그 속도가 어떨 때는 느리고 어떨 때는 빠를지 모르지만 결코 멈추는 일은 없습니다. 변화의 흐름에 발맞추지 못한다면 그 누구도 살아남는다고 보장받을 수 없습니다. 우리가 부지런해야 하는 이유는 그것이 우리가 살아남을 수 있는 유일한 방법이기 때문입니다.

아직 인류는 더 많은 발전이 필요하다

인류가 발전한다는 것은 보다 많은 사람들이 평화롭고 자유롭고 건강하

며 행복하게 살게 되는 것을 의미합니다. 예전에는 몇몇 사람만이 권력과 부와 지식을 가졌습니다. 따라서 행복과 건강은 그들만이 가지는 특권이었죠. 그러나 문명이 발달하고 과학과 기술이 발전하면서 훨씬 많은 사람들이 행복하고 건강한 삶을 누리게 되었습니다. 하지만 그렇다고 지금 모든 사람들이 그 혜택을 누리고 있는 건 아닙니다. 여전히 우리 주변에는 가난하고 힘든 사람들이 있지요. 우리가 더욱 부지런히 발전해야 하는 이유가 바로 여기에 있습니다.

세계적인 환경학자인 도넬라 메도스는 63억의 인구가 살아가는 지구를 100명이 사는 마을로 바꾸어 우리의 처지를 말해 줍니다. 그 마을에는 장애인이 9명이며, 영양실조로 고생하는 어린이들이 20명이나 되고, 그중 1명은 곧 굶어 죽을 운명에 처해 있습니다. 그 마을에서 비위생적인 환경에서 살아가는 사람은 43명이나 되며, 물조차 깨끗한 물을 마실 수 없는 사람도 18명이나 됩니다. 하루 1,000원 미만으로 생활하는 사람이 18명이며, 2,000원 미만으로 사정이 그나마 나은 사람은 53명입니다. 컴퓨터는 겨우 12명이 사용하며 인터넷은 3명, 고등학교까지 다닌 사람은 7명, 대학을 나온 사람도 겨우 7명뿐입니다. 글을 못 읽는 사람은 14명이나 되죠.

　여러분은 이 마을 어디에 속하나요? 우리가 누리는 풍족하고 여유로운 삶은 모든 인류가 누리는 삶이 아닙니다. 아직도 과학기술과 문명의 혜택을 누리지 못하는 사람이 지구에는 더 많습니다. 우리의 과학기술과 문명이 굉장히 발전했다고 말하지만 우리가 갈 길은 아직 멀기만 합니다. 더 많은 풍요와 편리함을 누리기 위해, 그리고 그 풍요와 편리함을 소외되는 사람 없이 다 함께 누리기 위해 우리는 더 부지런하고 더 근면해져야 할 것입니다.

아니야!
이젠 게으름이 인간과 지구를
살려 줄 거야

아무리 속도를 내도 따라잡을 수 없는 것들

누군가에게 "넌 참 느리고 게으르구나."라고 말한다면 좋아할 사람이 있을까요? 반대로 "넌 참 빠르고 부지런하구나."라고 말한다면 싫어할 사람은요? 우리는 아주 어렸을 때부터 부지런하게 살아야 한다는 말을 귀에 못이 박히도록 들어 왔습니다. 그래서 당연히 무슨 일을 하든 부지런히 해야 한다고 생각하지만 우리 마음속을 잘 들여다보면 좀 쉬고 싶고, 게을러지고 싶고, 느긋하게 여유를 부리고 싶은 마음이 늘 숨어 있습니다. 하지만 그런 말을 쉽게 하진 못합니다. 내가 부족한 사람이라고 털어놓는 것처럼 보이니까요. 그런데 우리는 정말 무조건 부지런해야 할까요? 혹시 우리에게 게으를 권리는 없는 걸까요?

"게으르면 소 된다."라는 말을 들어 보았을 거예요. 주말이나 방학에 조금이라도 게으름을 부리고 있으면 할아버지나 할머니께서 이런 말씀을 하시곤 하죠. 게으름을 피우던 농부가 소가 되어 죽을 고생을 하다가

다시 사람으로 돌아와서는 부지런히 일하며 행복하게 살았다는 옛날이
야기 〈소가 된 게으름뱅이〉도 익숙할 테고요. 여름 내내 게으름을 부리
며 놀기만 하다가 겨울이 되어 먹을 것을 구걸하기 위해 개미 집 문을
두드리는 베짱이 이야기, 쉬지 않고 부지런히 몸을 움직여 마침내 낮잠
자는 토끼를 추월하고 승리한 거북이 이야기도 지겨울 만큼 들었을 거
예요. 이런 이야기들의 교훈은 늘 똑같습니다. 부지런함은 행복과 성공
을 가져다주고 게으름은 불행과 실패를 가져온다는 것이지요.

부지런함과 게으름에 관한 교훈은 다른 이야기 속에도 얼마든지 숨
어 있습니다. 신데렐라는 부지런하고 착한 데다가 예쁘기까지 하지요.
반면 신데렐라를 괴롭히는 계모의 딸들은 게으르고 못됐으며 생기기도
못생겼습니다. 〈콩쥐팥쥐전〉에서도 상황은 다르지 않습니다. 콩쥐는 부
지런하고 착하고 예쁜데 팥쥐는 게으르고 못됐으며 못생겼지요. 이런
이야기를 들으며 자란 우리들은 자연스럽게 게으름을 나쁜 것으로 여깁
니다. 그런데 정말 이런 생각이 옳을까요?

『일리아스』와 『오디세이아』를 지은 고대 그리스의 시인 호메로스는
인간을 미워한 신이 앙심을 품고 인간을 고생시키기 위해 '일'을 벌로
내렸다고 말합니다. 그도 그럴 것이 당시 아테네에서는 1년에 50일이
넘는 기간 동안 축제가 열렸고, 시와 음악, 연극을 관람하며 즐기는 일
이 매우 중요했기 때문입니다. 유명한 그리스 철학자 아리스토텔레스도
게으름이 '우주의 원리'라고 말하며, 몸을 움직여 일하고 그 대가로 돈
을 받는 노동은 우리의 생각을 뒤떨어지게 만든다고 했지요. 아리스토
텔레스는 자신의 책 『정치학』에서 육체노동을 하는 농부와 수공업자들
은 어리석은 바보이며, "완벽한 시민은 미덕을 키우고 정치적 행동을 하
기 위해 여유가 필요하므로 농부가 되어서는 안 된다."라는 말까지 했습
니다.

184

윈슬로 호머, 〈스냅 더 휩〉, 1972.

부지런히 일하는 것이 결코 좋은 일이 아니라는 생각은 고대 그리스를 넘어 로마에까지 이어졌습니다. 로마 공화정 시대의 정치가이자 웅변가인 키케로는 "진정 자유로운 사람이란 언젠가 한 번쯤은 그냥 아무 것도 하지 않고 빈둥거릴 수 있는 사람이다."라고 말했습니다. 그는 자신의 책 『의무론』에 "자신의 수고와 근면을 팔아넘기는 행태는 천박하고 혐오스러운 짓이다. 돈 때문에 자신의 수고를 제공하는 것은 자신을 파는 것이며 노예로 만드는 것"이라는 말을 남겼지요. 이들은 게으름을 나쁘다고 생각하지 않았습니다. 게으름은 인간의 고귀한 능력인 생각하는 힘을 길러 주기 때문에 오히려 쉬지 않고 부지런히 일하는 것이 깊은 생각을 가로막는 장애물이라고 여겼지요.

이런 생각은 동양에서도 발견할 수 있습니다. 고대 중국의 철학자들은 게으름을 욕심과 연결 지어 생각했습니다. 노자는 "과욕보다 더 큰

죄악은 없다. 탐욕보다 더 큰 결점은 없다."라고 말하며 더 큰 것을 얻기 위해 더 많이 일하려는 사람들을 나무랐습니다. 쉼 없이 부지런하게 일하다 보면 자연의 흐름을 거스를 수 있다고 경계했지요. 장자 역시 "조정 대신은 새벽이슬을 밟고, 철갑을 두른 장군은 밤새워 변방을 지킨다. 산사의 고승은 아직 잠에서 깨어나지 않았으니 명예와 이익은 한가로움만 못하다."라면서 노자의 생각을 이어가지요.

과거, 동서양을 막론하고 옛사람들은 느긋하고 한가로운 삶이 더 좋은 삶이라고 생각했습니다. 부지런히 일하는 것은 욕심과 조급함 때문이며, 쉼 없이 무언가를 만들어 내는 대신 여유롭고 편안한 마음으로 세상을 바라봐야 한다고 가르쳐 왔습니다. 그런데 이런 여유는 시간이 지나 현대사회에 들어와서는 '게으름'이라는 말로 매도당하고 있습니다.

원래 게으름은 나쁜 것이 아니었습니다. 그런데 사람들은 게으름을 부지런함과 끊임없이 비교하면서, 여유롭고 느긋하게 살려는 사람들을 두고 손가락 하나 까딱하기 싫어하는 사람에다 아무 일도 안 하면서 다른 사람이 부지런하게 노력한 결과를 가로채는 사람이라고 비난합니다.

게으름을 가장 심하게 욕하고 비난하는 사람이 어떤 사람인지 알면 여러분은 깜짝 놀랄 거예요. 19세기 유럽에서 만나 봅시다. 산업혁명으로 엄청나게 많은 물건을 만들어 내기 시작한 유럽의 강대국들은 물건을 만들 원료를 얻고 만들어 낸 물건을 팔 시장이 필요했습니다. 그래서 아시아와 아프리카를 멋대로 침략해 수많은 나라를 식민지로 만들었지요. 그러고는 "너희는 게으른 민족이다. 게으르기 때문에 발전하지 못했고 결국 우리에게 침략을 당한 것이다. 식민지가 된 것은 다 너희가 게을렀기 때문이다."라고 말하며 자신들의 지배를 정당화했습니다.

정말일까요? 만일 우리나라가 일본의 식민지가 되지 않았다면 우리나라는 혼란의 소용돌이에 휘말리지 않고 차근차근 발전할 수 있었을 것입니다. 인도가 영국의 식민지가 아니었다면 인도에서 나는 차와 옷감을 팔아 번 돈을 영국이 아니라 인도 사람들이 가져 더 발전할 수 있었을 것이고요.

요즘은 어떤가요? 돈과 권력을 많이 가진 사람들은 가난한 사람들이 게으르기 때문에 가난하다고 주장합니다. 가난한 사람들이 더 부지런히 노력하지 않아서 못사는 거라고 비난하지요. 그런데 사실은 그렇지 않습니다. 대기업의 대형 마트가 들어서면서 사람들은 더 이상 시장에서 물건을 사지 않습니다. 때문에 시장의 작은 가게에서는 아무리 부지런히 일해도 돈을 벌지 못하지요. 회사에서 정식 직원으로 뽑지 않고 돈을 조금만 주는 계약직으로 뽑아 일을 시킨다면 아무리 열심히 일해도 돈을 모을 수가 없습니다. 만일 가난한 사람들에게도 공평한 기회가 주어진다면 가난에서 벗어날 수 있을 거예요. 이렇듯 게으름이 사회의 문제들을 숨기는 데 이용되고 있습니다.

코알라와 개미가 알려 주는 것

옛사람들이 느긋하고 한가로운 삶을 행복한 삶이라고 생각했다면 지금 우리에게 행복한 삶이란 어떤 것일까요? TV에 등장하는 행복한 가정은 '고급 아파트에 살며 최신형 냉장고 속에는 먹을거리가 가득 들어 있고 거실에 놓인 최고급 가죽 소파에 기대어 대형 벽걸이 TV를 시청하는' 모습입니다. 이렇게 살기 위해서 우리는 쉬어서는 안 됩니다. 명품 백을 들고 싶고, 좋은 자동차를 몰고 싶다면 여유를 부릴 시간은 없죠. 모처럼 여유를 부리기 위해 뒷산에 오르려 해도 백만 원 가까이 되는 아웃도어 브랜드의 등산복을 걸쳐야 하고, 휴가를 가려면 백만 원이 넘는 비행기 값과 호텔 숙박비를 마련해야 하니 할 수 없이 주말에도 휴가 기간에도 일을 해야 합니다.

우리는 우리가 행복하다고 생각하는 삶을 살기 위해 더 부지런하게, 더 많이 일하려고 노력합니다. 이런 우리의 상황은 2천 년 전 세계를 정복하기 위해 길을 나선 알렉산더와 거지 철학자 디오게네스의 대화를 떠오르게 하지요.

디오게네스　대왕께서는 지금 어디로 가시나이까.

알렉산더　세계를 정복하러 인도로 가는 길이오.

디오게네스　그런 다음에 뭘 하시렵니까?

알렉산더　그야 편히 쉬어야지요.

디오게네스　이상하군요. 왜 지금 당장 편히 쉬지 않습니까? 편히 쉬기 전에 꼭 세계를 정복해야 하나요? 대왕께 말해 두지만 지금 당장 편히 쉬지 못한다면 끝내 그럴 수 없을 것입니다.

디오게네스의 말대로 알렉산더는 결국 살아서 편히 쉬지 못하고 인도 원정길에서 죽음을 맞이했습니다.

이제 우리는 세상을 좀 다르게 바라볼 필요가 있습니다. 게으름은 정말로 나쁜 것일까요? 이 질문에 대한 답은 자연에서 찾을 수 있습니다.

우리는 살기 위해 열심히 움직이는 동물들을 보고 그 부지런함을 배워야 한다고 늘 말합니다. 그런데 한 가지 놓치고 있는 것이 있습니다. 대체로 부지런한 동물은 일찍 죽고 게으른 동물은 오래 산다는 것입니다. 결국 평생 해야 할 일을 빨리 끝내고 일찍 죽거나 천천히 끝내고 오래 사는 것 중 하나를 고르는 셈이지요. 부지런히 움직이는 생쥐와 새는 에너지 소비가 많기 때문에 오래 살지 못합니다. 그러나 천천히 움직이는 거북이나 악어 같은 동물은 에너지 소비가 적어서 훨씬 오래 삽니다. 거북이는 수명이 250살이나 되는 장수의 아이콘이죠.

오스트레일리아 동부에 서식하는 코알라는 게으르기로 둘째가라면 서러워할 동물입니다. 행동이 느린 데다 활동 범위도 좁아서 자기 영역을 벗어나는 일이 거의 없다고 합니다. 게다가 하루에 20시간씩 잠을 잔다고 하니 게으름의 대표로 손색이 없어 보입니다. 그런데 코알라의 게으름이 진화의 산물이라는 사실을 알고 있나요? 코알라의 게으름이 바로 살아남기 위한 선택이라는 것을요.

코알라는 유칼리나무의 잎만 먹는데, 하루에 600~800g 정도를 먹는다고 합니다. 그런데 유칼리나무 잎은 영양가가 높지 않아서 활동에 필요한 에너지를 충분히 만들어 내지 못합니다. 그러니 코알라는 몸을 움직이는 대신 하루에 20시간을 잠자도록 진화한 것입니다. 다행히 코알라가 거주하는 오스트레일리아에는 코알라를 위협하는 육식동물이 없어서 코알라가 마음 놓고 하루 종일 잠을 잘 수 있습니다. 먹이를 놓고 다른 동물과 경쟁할 필요도 없습니다. 이처럼 게으름에는 그 나름의 이유가 있습니다. 코알라에게 게으름은 자연스러운 일이지요. 만일 코알라가 다른 동물처럼 바쁘게 살았다면 어땠을까요? 그랬다면 코알라는 아마 일찌감치 멸종했을 거예요. 코알라는 그만한 활동량을 감당해 낼 만큼 영양을 충분히 섭취하지 않으니까요. 게으름은 코알라에게 훌륭한 생존 전략입니다.

인간도 코알라와 다르지 않습니다. 열대지방과 같이 기후가 더운

지방의 사람들은 다른 지역에 사는 사람들보다 평소 활동량이 적습니다. 만일 그들을 게으르다고 비난하고 다른 지역 사람들처럼 부지런히 움직이라고 강요하면 어떻게 될까요? 더 잘살게 될까요? 그렇지 않습니다. 부지런함은 그들에게 독이 될 수 있지요. 더운 기후에서 쉬지 않고 부지런히 몸을 움직이면 누구든 얼마 못 가 탈진하게 되니까요. 같은 인간이라 해도 지역에 따라 살아온 환경과 기후는 무척이나 다릅니다. 그리고 그 차이에 따라 자기에게 알맞은 삶을 살고 있지요. 무조건 부지런함을 강요하면 발전과 행복은커녕 피로와 불행을 가져올지도 모릅니다.

　게으른 동물뿐 아니라 부지런한 동물도 우리에게 새로운 이야기를 들려줍니다. 우리 모두가 잘 알듯 개미는 코알라와 정반대로 부지런함의 상징입니다. 그런데 겉으로 보이는 것과 달리 막상 일하는 개미는 전체의 20퍼센트뿐이고 나머지 80퍼센트는 일하지 않는다는 사실을 알고 있나요? 개미의 대부분은 부지런히 일하는 게 아니라 놀고 있었던 거예요. 이렇게 다 놀고 있으면 개미 사회는 곧 망하지 않을까요? 그렇지 않습니다. 놀고 있는 개미가 더 많으면 많을수록 오히려 개미 사회가 더 잘 유지됩니다.

개미 사회 같은 거대한 조직에는 해야 할 일이 늘 많습니다. 먹이를 찾아 운반하고, 적으로부터 집을 지키고, 알을 보살피고, 여왕개미의 산란을 돕고, 집을 넓히고 보수하는 등 많은 일거리가 있지요. 그중 어느 하나라도 소홀히 한다면 개미 사회는 무너집니다. 그러니 일개미를 적재적소에 적절히 배치하는 일이 무엇보다 중요하지요.

만약 놀고 있는 개미가 하나도 없이 모두 열심히 일을 한다면 어떻게 될까요? 먹이도 더 많이 모으고 새끼도 더 잘 키우고 집도 더 크게 만들 수 있을 것 같지요? 우리의 기대와 달리 모든 개미가 일을 하게 되면 개미 사회는 엄청난 위기를 맞아 무너져 버립니다. 왜일까요?

개미 사회는 일상적인 일들 말고도 언제 닥칠지 모를 일들에 늘 대비해야 합니다. 갑자기 비가 올 수도 있고, 장난꾸러기 꼬마가 모래로 집의 입구를 막아 버릴 수도 있습니다. 또 어느 날은 옆 마을의 개미들이 공격해 올 수도 있고, 뜻하지 않은 횡재로 커다란 곤충을 잡는 날도 있지요. 만일 이런 일들이 발생했을 때 여분의 개미 일꾼들이 남아 있지 않다면 개미 사회는 큰 혼란을 겪게 됩니다. 노는 개미들은 예비군처럼 개미 사회를 건강하게 지켜 내는 역할을 하는 것입니다. 노는 개미들이 없다면 개미 사회는 오히려 더 위험해지지요.

우리 사회도 이와 비슷합니다. 만일 모두가 부지런히 일만 한다면 어떻게 될까요? 어느 순간 우리 모두가 쓰러질지도 모릅니다. 피로는 한 사람을 망가뜨리는 데서 그치지 않습니다. 피로가 쌓이고 쌓이면 결국 사회가 망가집니다. 우리가 여유를 가지고 게으름을 피우며 살아가는 것은 사회 전체를 원만히 움직이게 해 주는 윤활유 같은 것입니다.

경쟁보다 나눔이 필요한 시대

충남 서산에 가면 그 끝이 안 보일 정도로 넓은 논이 있습니다. 바다를 메워 만든 그곳에 예전 같으면 수백, 수천 명의 농부가 필요했을 것입니다. 하지만 지금은 모든 것이 기계화되어 수십 명의 기술자들이 그 일을 모두 해냅니다. 농약과 비료는 비행기로 뿌리고 수확도 기계로 하지요. 산업혁명 이후 급속히 발전한 과학기술은 다양한 분야에서 인간 대신 일할 기계들을 만들어 주었습니다. 옛날에는 천 명이 일해서 천 명이 먹고 살았다면 이제는 열 명만 일해도 천 명이 먹고 살 수 있게 된 것입니다. 그런데도 여전히 바빠야 할까요?

만약 먹을 것, 입을 것처럼 살아가는 데 꼭 필요한 것들이 심각하게 부족하다면 우리는 계속 부지런히 일해야 할 거예요. 하지만 우리는 그런 시기를 오래전에 벗어났습니다. 그리고 지금도 발전하고 있는 과학기술은 점점 더 적은 노력으로 더 많은 생산품을 만들어 낼 수 있게 해 줍니다. 덕분에 예전보다 훨씬 조금 일하고도 보다 더 풍족한 삶을 누릴 수 있게 되었지요. 그래서 옛사람들은 미래가 되면 누구도 일하지 않고 즐겁고 편하게 여유를 누리며 사는 유토피아가 올 것이라고 꿈꿔 왔습니다.

하지만 현실은 전혀 다릅니다. 일하는 시간을 줄이는 게 아니라, 이제는 이렇게까지 많은 사람들이 필요하지 않다며 사람들을 해고하고 적은 사람에게 전보다 많은 일을 시킵니다. 때문에 수많은 사람들이 실업자가 되어 힘들게 살아가게 되지요. 그러다 보니 적은 일자리를 놓고 끝없이 경쟁하게 된 사람들은 영혼마저 가난해져 버립니다.

그런데 무엇을 위해서 이렇게 많이, 빨리, 쉬지 않고 생산해야 하는 걸까요? 우리에겐 이미 먹을 것, 입을 것, 즐길 것이 충분합니다. 전 지구를 통틀어 65억 명의 인구 중 8억 명이 굶어 죽어 가고 있다고 하는데, 인류는 이미 120억 명의 사람들이 충분히 먹을 만큼의 식량을 생산하고 있다고 합니다. 실제로 미국의 큰 곡물 회사에서는 풍년이 들면 곡물의 가격이 떨어질까 봐 엄청난 양의 곡물을 그대로 바다 한가운데에 버리기까지 한다고 합니다. 어느 곳에서는 사람이 굶어 죽어 가는데 어느 곳에서는 식량이 남아돌아 아까운 줄 모르고 버리는 지경이지요.

지금 중요한 것은 더 많은 것을 만들어 내는 것보다 만들어 낸 것을 공평하게 나누는 일입니다. 우리에게 필요한 것은 더 많이 생산하기 위해 더 부지런히 일하는 게 아니라 생산한 것을 골고루 알맞은 만큼 나누어 갖고 적당히 만족하며 여유롭고 느긋한 삶을 살아가는 태도입니다.

지속 가능한 지구를 위한 게으름

세상에 공짜는 없습니다. 더 밝게 빛나는 별은 더 빨리 스러지며, 더 부지런한 동물이 더 빨리 죽을 뿐이죠. 이러한 원리는 지구의 환경에도 그대로 적용됩니다. 부지런히 일할수록 더 많은 것이 만들어지고, 물건이 많으면 많을수록 더 많이 소비하게 되며, 대량 생산과 대량 소비는 지구의 환경을 더 많이 더 빨리 파괴합니다.

땅에 곡식을 심을 때 매해 쉬지 않고 심거나 한 곳에 너무 많이 심으면 땅은 더 이상 곡식을 생산하지 못하게 됩니다. 한두 해 쉬면서 땅의 힘을 회복해야 다시 곡식이 잘 자랍니다. 물론 비료를 주고 농약을 뿌리면 당장 생산할 수야 있지만 결국에는 모든 양분을 빼앗겨 죽은 모래 땅이 되고 맙니다. 강도 그렇습니다. 강에 오염 물질을 흘려보내면 강은 여러 미생물과 수생 식물의 도움으로 스스로 정화를 해내지요. 그러나 강이 감당할 수 없을 정도로 많은 양의 오염 물질이 흘러 들어가면 강은 다시는 맑은 물로 돌아오지 못합니다.

지구도 마찬가지입니다. 지구에는 생산하고 되돌리고 돌볼 수 있는 양이 정해져 있습니다. 인간이 생산하는 것이 그 한계를 넘어서면 지구는 다시는 회복될 수 없는 상처를 입게 됩니다. 바로 지속 가능성이 파괴되는 것입니다. 더 부지런히, 쉼 없이 인류가 생산해 낼수록 지구는 죽어 갑니다.

게다가 인간은 소비도 끊임없이 합니다. 우리는 먹은 음식을 갖고 에너지를 만들어 내지요. 그런데 먹은 것보다 더 많은 에너지를 쓰면 어떻게 될까요? 몸에 저장해 두었던 에너지까지 다 쓰는 순간 죽음을 맞게 될 것입니다. 지구 생태계도 마찬가지입니다. 태양과 지구는 우리에게 일정한 자원을 제공합니다. 그런데 인간이 태양과 지구가 제공하는 것보다 더 많은 자원을 소비한다면 지구 역시 자연스러운 에너지 순환이 끊겨 죽음을 맞이할 것입니다.

우리는 지구의 지속 가능성을 유지할 수 있을 만큼만 생산하고 소비해야 합니다.■ 그러기 위해서는 지금보다 더 적게 생산하고 더 적게 소비해야 합니다. 더 많이 갖는 대신 덜 갖더라도 더 많은 사람과 나누어 가져야 합니다.

아직도 부지런함은 좋고 게으름은 나쁘다고 생각하나요? 부지런함

●●●●●●지속 가능한 개발
1798년 영국의 경제학자 토머스 맬서스(Thomas R. Malthus, 1766~1834)는 식량이 늘어나는 속도보다 인구가 늘어나는 속도가 더 빨라, 언젠가는 식량이 부족해질 거라고 예측했다. 1972년의 〈로마 클럽 보고서〉는 식량뿐 아니라 천연자원들도 언젠가는 고갈될 것이기에 언젠가는 경제 성장에 한계가 올 것이라고 지적했다. 이 덕분에 사람들은 지금까지의 경제 개발을 돌아보게 되었다. 인간이 지금처럼 살아갈 수 있는 환경을 지키고 생태계를 파괴하지 않는 범위 안에서 개발을 해야 한다는 '지속 가능한 개발'을 말하게 된 것이다. 이에 따르면 우리의 후손에게 물려주기 위해 환경과 자연을 손상시키지 말아야 하고, 자연이 스스로 정화할 수 있는 만큼만 오염 물질을 배출하며, 자연이 회복할 수 있는 만큼만 자원을 사용해야 한다.

은 그 자체로 좋은 말, 도덕적인 덕목이 아닙니다. "부지런한 바보만큼 이웃을 괴롭히는 사람은 없다."라는 말, "닭이 울 때부터 부지런하기로는 임금이나 도적이나 한가지다."라는 말을 생각해 보세요. 중요한 것은 "무엇을 위해서 부지런해야 하는가?"입니다. 부지런히 일한 결과가 지구를 파괴하는 것이어서는 안 되니까요.

쉼 없이 무언가를 만들어 내고 소비하는 부지런함은 약하고 가난한 사람들을 소외시키고 지구를 갉아먹을 뿐입니다. 자신이 무엇을 위해 사는지도 생각지 않고 무조건 부지런히 열심히만 노력한다면, 행복 대신 피로와 원망, 분노만 쌓일 뿐입니다. 건강한 지구를 위해, 행복하고 즐거운 삶을 누리기 위해 우리는 쉬엄쉬엄 느긋하게 게으름을 부릴 줄 알아야 합니다.

입장 정하기

● 다음 쟁점에 대하여 자신의 입장을 정하고 근거를 제시해 봅시다.

> **쟁점 ❶** | 여유 부릴 새 없이 쉬지 않고 더 노력하면 그만큼 더 많은 성과를 얻을 수 있다.

입장 :

근거 :

> **쟁점 ❷** | 게으른 인간과 동물은 지구상에서 살아남을 수 없다.

입장 :

근거 :

> **쟁점 ❸** | 과학기술이 빠르게 발달할수록 인간은 더 행복해질 수 있다.

입장 :

근거 :

● '슬로라이프(느리게 살기)'를 주장하는 사람들은 인류가 빠른 속도에 집착하느라 경쟁도 심해지고 빈부격차도 벌어진 데다 지구온난화, 유전자 조작 같은 문제들까지 생겨났다고 비판합니다. 슬로라이프 운동에는 어떤 것들이 있는지 찾아 봅시다.

패스트푸드 대신 시간과 정성을 들여 만든 슬로푸드 먹기.

너무 똑똑한 기계는 피곤해!

여러분은 어렸을 때 이런 상상을 했을 거예요. 몸에 딱 맞는 우주복을 입고 우주를 붕붕 날아다니는 꿈, 명령만 내리면 "네! 주인님." 하고 말하며 양치질까지 시켜 주는 로봇. 그런데 과학책을 펼치면 아직도 만능 로봇과 슈퍼 알약에 대한 이야기가 먼 미래의 이야기로 나옵니다. 왜 그럴까요?

판박이 미래

꽉 막힌 도로에서 짜증내며 운전할 필요 없이 저절로 알아서 운전도 하고 빌딩 사이를 날아다니기까지 하는 자동차, 척척 알아서 마트에 물건을 주문해 먹을 것을 꽉꽉 채워 놓는 냉장고……. 유비쿼터스니, 나노니, 유전자 조작이니 말만 좀 어려워졌지, 첨단 기술의 마지막에 과학이 상상하는 미래는 우리가 유치원생일 때 상상하던 것과 똑같은 수준입니다. 왜 그럴까요? 바로 사람들이 무조건 더 편리하고, 더 똑똑하고, 더 빠르고, 더 첨단의 기술만 좋아할 거라고 생각하기 때문입니다. 그래서 과학기술은 늘 척척박사나 만능 도우미 역할을 할 수 있는 기계로 가득 찬 미래만 상상하지요. 하지만 사실은 그렇지 않습니다.

화상 전화의 실패

1870년 전화가 등장하자 사람들은 매우 기뻐했습니다. 과학기술자들은 외쳤지요. "이제 목소리를 들을 수 있게 되었으니 다음은 화상 전화다!" 때문에 당시 사람들이 상상한 미래에는 화상 전화가 꼭 등장했습니다. 화상 전화야말로 멀리 떨어져 있는 사람과 소통할 수 있는 기술 중 '끝판왕'이었으니까요. 화상 전화는 생각보다 빨리 사람들에게 선보였습니다. 1920년대부터 박람회마다 인기를 끌었고, 1935년 베를린 통신 박람회에서는 원거리 화상 전화 부스가 설치되어 체험도 할 수 있었습니다.

하지만 백 년 가까이나 흐른 지금 지금, 우리는 정말
그만큼 화상 전화를 잘 사용하고 있나요? 여러분은
어떤가요? 스마트폰의 영상 통화 기능을 자주 사용하
나요? 영상 통화는커녕 직접 전화하는 것보다도 문자
메시지나 채팅을 훨씬 자주 사용할 거예요.
삶을 편리하게 하기 위해 기술이 발전하면 당연히 그것을 써
야 하는데 왜 그럴까요? 왜 사람들은 첨단 기술을 좇아가지 않았
을까요?

뛰어난 과학기술이 아닌 편안한 과학기술을 원하는 사람들

사람들은 화상 전화를 불편해했습니다. 시골에 사는 할머니가 아장아장 걸음마
하는 손자 얼굴을 볼 때나 가끔 쓸 뿐이지요. 사람들은 서로 간에 적당한 거리를
유지하고 싶어합니다. 너무 많은 것을 보이고 싶지도 않고, 배경도 정돈하고 표
정도 신경 써야 하는 화상 전화를 오히려 불편한 기술로 여겼지요.
전투기보다 빠른 초음속 여객기 콩코드도 실패한 첨단 기술입니다. 물론 속도가
너무 빠르다 보니 엄청나게 시끄러워서 실패한 것도 있지요. 하지만 무엇보다
가장 큰 이유는, 사람들이 그렇게까지 빠른 비행기를 원하지 않는다는 점입니
다. 비행기 안에서 노트북도 쓸 수 있고 전화도 할 수 있는 세상에서 너무 빠른
속도는 오히려 부담이 되었던 것입니다.
자동 주문 시스템을 가진 똑똑한 냉장고도 충분히 개발할 수 있지만 과연 사람
들이 좋아할까요? 복잡하기 짝이 없는 인간의 마음을 냉장고가 어떻게 모두 이
해할 수 있겠어요? 물론 "요구르트는 이제 그만, 다음부턴 두유를 주문해 줘."
라고 할 수도 있겠지만 스스로도 뭘 먹고 싶은지 모를 때도 있는데 일일이 냉장
고와 대화를 해야 한다면 참 피곤한 일일 겁니다. 냉장고에게 휘둘린다는 기분
이 들지도 모르고요.
결국 사람들은 첨단 기술이 아니라 편안한 기술을 원합니다. 기술을 더 빠르게
더 복잡하게 발전시키는 것보다 사람의 마음을 들여다보는 일이 우선 아닐까요?
그래야 유치원생 수준을 넘어 훨씬 더 멋진 미래를 상상할 수 있을 것입니다.

중학생 토론학교

과학과 기술

초판 1쇄 펴낸날 2013년 5월 16일
초판 10쇄 펴낸날 2025년 9월 12일

지은이 임병갑 한기호
그린이 허정은
펴낸이 홍지연

편집 홍소연 김선아 김영은 이예은 차소영 조어진 서경민
디자인 이정화 박태연 정든해 이설
마케팅 강점원 원숙영 김신애 김가영 김동휘
경영지원 정상희 배지수

펴낸곳 (주)우리학교
출판등록 제313-2009-26호(2009년 1월 5일)
제조국 대한민국
주소 04029 서울시 마포구 동교로12안길 8
전화 02-6012-6094
팩스 02-6012-6092
홈페이지 www.woorischool.co.kr
이메일 woorischool@naver.com